Band 2

Dieter Stammer

ANTONOW AN-124
Russlands riesiges Transportflugzeug Ruslan

Verlag, Herausgeber und Autor machen darauf aufmerksam, dass die im vorliegenden Werk genannten Namen, Marken und Produktbezeichnungen in der Regel namens- und markenrechtlichem Schutz unterliegen. Trotz größter Sorgfalt bei der Veröffentlichung können Fehler im Text nicht ausgeschlossen werden. Verlag, Herausgeber und Autor übernehmen deshalb für fehlerhafte Angaben und deren Folgen keine Haftung. Sie sind dennoch dankbar für Verbesserungsvorschläge und Korrekturen.

Die Abbildungen und Fotos stammen aus der Sammlung Dieter Stammer.

© 2015 PPVMedien Gmbh, Postfach 57, 85230 Bergkirchen

ISBN 978-3-95512-109-9

Druck: Kessler Druck + Medien GmbH & Co.KG, Bobingen

Das Werk einschließlich aller seiner Teile ist urheberrechtlich geschützt. Jede Verwertung, die nicht ausdrücklich vom Urheberrechtsgesetz zugelassen ist, bedarf der vorherigen schriftlichen Zustimmung des Verlages. Das gilt insbesondere für Vervielfältigungen (auch auszugsweise), Bearbeitungen, Übersetzungen, Mikroverfilmungen und die Einspeicherung und Verarbeitung in elektronischen Systemen.

Inhalt

Vorwort 4
Wie die An-124 entstand 5
Antonow macht alles noch mal neu 11
Überkritische Tragflächen 14
Elektronische Flugsteuerung 16
Tests auf 44 Prüfständen 21
Noch fehlten die Triebwerke 29
Der Erstflug 31
Auftritt in Le Bourget 34
Vereisung und Wirbelschleppen 37
Die Serienfertigung 39
Die zivile An-124-100 44
Erste Katastrophe 49
Schwachstelle Antrieb 51
Plattform für Satellitenstarts 53
Militärischer Einsatz 57
Militärs im Dienste der Wirtschaft 62
Militärische Einsätze 67
Gigant mit Problemen 71
Verschrottung der Militärmaschinen? 73
Kampf gegen die Bürokratie 75
Coup mit Gorbatschow 77
Pink Floyd und Michael Jackson 82
Der schwere Weg in den Markt 83
Kooperation mit Air Foyle 86
Im Dienste weiterer Airlines 92
Register 94

Vorwort

Die An-124 wurde als Nachfolger für das Transportflugzeug An-22 entworfen. Obwohl die Aufgaben, die die An-124 zu erfüllen hat, die gleichen sind, ist die An-124 mit ihren vier großen Strahltriebwerken wesentlich leistungsfähiger. International wurde die An-124 mit dem Kennzeichen SSSR 82 002, taktische Nummer 318, im Mai 1985 auf dem 36. Luftfahrtsalon in Paris Le Bourget der Öffentlichkeit vorgestellt und erregte verständlicherweise die Aufmerksamkeit der internationalen Luftfahrtkreise.

Die An-124 ist für den Transport von Flugzeugen und großen sperrigen Lasten vorgesehen. So kann sie z. B. den Raketenkomplex SS-20 mit allen Unterstützungskomponenten an Bord nehmen. Neben ihrem Einsatz bei den strategischen Transportfliegerkräften wird sie vor allem in Sibirien, im hohen Norden und im Fernen Osten eingesetzt, um Güter zu transportieren, die nicht mit der Eisenbahn befördert werden können.

Neue, leichtere und festere Aluminium- und Titanlegierungen sowie der Einbau von zahlreichen Baugruppen aus Kohlefaser- und Glasfaserverbundstoffen trugen dazu bei, die Gesamtmasse der Maschine zu reduzieren.

Dieter Stammer

Der Jungfernflug des ersten Prototypen der An-124 in Kiew 1982.

Wie die An-124 entstand

Vor über 30 Jahren absolvierte Antonows riesige An-124 ihren Erstflug. Größer und stärker als die Lockheed C-5 Galaxy sollte das Transportflugzeug werden. Die Maschine, die zunächst für die großräumige Mobilität des sowjetischen Militärs entwickelt und gebaut wurde, machte sich jedoch auch im Dienste der Wirtschaft unentbehrlich und zeigt ihre Stärken immer dann, wenn es gilt, besonders große und schwere Lasten zu befördern.

Mit dem Erscheinen des ersten Widebodys der Welt, der An-22 Antäus, im Jahre 1965, begann eine neue Etappe im jahrelangen Wettlauf der UdSSR mit den USA beim Bau gigantischer Flugzeuge. In den USA lief die Projektierung einer neuen Generation von Transportflugzeugen, der Lockheed C-5 Galaxy, auf Hochtouren. Diese Maschine sollte von ihrer Tragfähigkeit und ihren anderen taktisch-technischen Daten die Antäus übertreffen. Dieser Fakt beeinträchtigte nicht nur das Prestige des sowjetischen Flugzeugbaus, sondern führte auch zu einer starken Erhöhung der Mobilität der amerikanischen Armee, die ohnehin schon die halbe Welt kontrollierte. Um dem entgegenzuwirken, wurde der Beschluss des ZK der KPdSU und des Ministerrates der UdSSR Nr. 564-180 vom 21. Juli 1966 „Über die Grundrichtung der Entwicklung der Luftfahrttechnik und der Bewaffnung für den Zeitraum 1966 – 1970" gefasst. In diesem Beschluss wurde die Erhöhung der Ladekapazität der sowjetischen Transportflugzeuge auf 100 bis 120 t gefordert. Bald darauf erschienen der Beschluss der Kommission des Präsidiums des Ministerrates der UdSSR Nr. 206 vom 24. August 1966 und

Eine An-124-100 im Flug.

Eine An-124 auf dem Weg zum Start.

die Befehle des Ministeriums für Luftfahrtindustrie Nr. 352 vom 5. August 1966 und Nr. 413 vom 13. September 1966, welche die Grundlage waren, die Entwicklungsarbeiten im Kiewer Mechanischen Werk (so nannte sich damals das OKB Antonow) unter der Federführung von Chefkonstrukteur A. J. Belolipetzki auf diese Thematik auszurichten.

Der erste und durchaus verständliche Schritt der Konstrukteure bei der Projektierung der neuen Maschine bestand darin, die technologischen Möglichkeiten der An-22 weiter auszureizen. So wurde vorgeschlagen, den Rumpf der Antäus mit neuen, gepfeilten Tragflügeln auszustatten, das Leitwerk als T-Leitwerk zu gestalten und die Maschine mit vier Zweistrom-Triebwerken mit je 245 kN Schub auszustatten. In der Frachtkabine mit den Abmessungen 32,7 x 4,4 x 4,4 m sollte eine Fracht von 80 t über eine Entfernung von 3 500 km transportiert werden können. Die vorberechnete Startmasse der An-122 (unter dieser Bezeichnung sollte das Flugzeug gebaut werden) lag bei 270 t. Im Oktober 1967 reichten O. K. Antonow und F. W. Jeroschin (er war zu dieser Zeit Abteilungsleiter für die Perspektiv-projektierung) das technische Projekt bei der Militär-Industrie-Kommission des Präsidiums des Ministerrates der UdSSR zur Begutachtung ein. Dieses „hohe Gericht" lehnte das Projekt ab, da es von seinen Gewichtsdaten, der Kraftstoffeffektivität und seiner aerodynamischen Qualität nicht genug über den Rahmen der Flugzeugtechnik der 1960er-Jahre hinaus ging und somit kein Konkurrent für die Galaxy war.

Aber die Kiewer verloren nicht die Hoffnung und erarbeiteten bis Mitte des

Die Verladung von Containern in zwei Reihen.

Technische Wartung einer An-124.

darauffolgenden Jahres gleich zwei neue Projekte: die An-126 mit einer Ladekapazität von 140 t und die An-124 mit einer Frachtzuladung von 120 t. Beide Projekte orientierten sich an den neuesten Erkenntnissen von Wissenschaft und Technik. Mit ihren flugtaktischen und technischen Daten sowie den Mög-

Die Verladung von Fracht durch die vordere Frachtluke.

Die Verladung von Fracht durch die hintere Frachtluke.

lichkeiten modernster Ausrüstung sollten sie den amerikanischen Widersachern überlegen sein. Das betraf insbesondere die An-126, für die sechs Zweistrom- Triebwerke unter den Tragflügeln vorgesehen waren. Die Abmessungen der Frachtkabine von 37,5 x 6,4 x 4,4 m sollten die Zuladung von Fracht in zwei Reihen und eine Beladung gleichzeitig über eine vordere und eine hintere Laderampe ermöglichen.

Das schien eine gute Antwort auf die amerikanische Herausforderung zu sein. Doch die Spezialisten des ZAGI (Zentralny Aero-Girodinamitscheski Institut – Zentrales Aero- und Hydrodynamisches Institut) hatten Bedenken und überzeugten die Regierung, dass die Realisierung dieses Projektes mit sechs Triebwerken mit zu hohen technischen Risiken verbunden sei.

Am 2. Februar 1972 kam die Kommission des Präsidiums des Ministerrates nach eingehender Prüfung der Probleme zu der Entscheidung, das Projekt der An-124 weiterzuentwickeln. In der Firma erhielt das Projekt von nun an die Bezeichnung Isdelije 200. Vor den Konstrukteuren stand nun die Aufgabe, die Kenndaten der An-22 um das Doppelte zu übertreffen und darüber hinaus die Wartungseffektivität zu verbessern sowie Wartungsarbeiten zu automatisieren.

Antonow macht alles noch mal neu

Bald darauf war die Maschine in ihren Grundzügen fertig konstruiert und 1973 wurde ein naturgetreues Modell gebaut. Aber das Herangehen an die 200 trug immer noch konservative Züge und gestattete ganz einfach nicht, ein derartiges Flugzeugprojekt umzusetzen. Angesichts des großen technologischen Sprungs, der bei der Größe der Maschine erforderlich war, war ein völlig neues Herangehen notwendig. P. W. Balabujew, zu dieser Zeit erster Stellvertreter des Generalkonstrukteurs, drückte es folgendermaßen aus: „Die Besonderheiten der Arbeiten an einem Flugzeug mit einer derartigen Tragfähigkeit verlangen ganz einfach, dass man sich an die neuesten, oftmals an noch nie realisierte technologische Ideen heranwagt."

Nachdem alle Für und Wider genauestens abgewogen waren, fasste O. K. Antonow 1976 die schwere Entscheidung, das Projekt noch einmal vollständig zu überarbeiten. Das neue Projekt erhielt nun die Bezeichnung Isdelije 400. Im Januar des folgenden Jahres fassten das ZK der KPdSU und der Ministerrat der UdSSR den Beschluss Nr. 79-23, mit dem die Entscheidung des Generalkonstrukteurs bestätigt wurde.

Um das notwendige technologische Niveau für die 400 zu erreichen, wurde erstmals in der Sowjetunion ein komplexes Zielprogramm (KZP-124) ausgearbeitet und realisiert. In diesem Programm wurden alle Ziele festgelegt, von den aerodynamischen Charakteristiken über die Festigkeitsdaten, die Sollbetriebszeit, die Gewichtsdaten, die spezifischen Daten der Triebwerke, die funktionellen Möglichkeiten der verschiedensten Systeme und der Ausrüstung bis zur Wartungsfreundlichkeit und den Reparaturmöglichkeiten.

Das KZP-124 wurde für die An-124 ausgearbeitet, gab aber dann dem gesamten Flugzeugbau neue, starke Impulse. Es wurden von den Triebwerksbauern, den Metallurgen, den Elektronikern, den Werkzeugmaschinenbauern und nicht zuletzt von den Mitarbeitern des ZAGI und anderer Institute des Industriezweiges die Erfüllung neuer Aufgaben verlangt. Mit dem Ziel, die optimalen Parameter für die Maschine zu finden, wurden mithilfe elektronischer Datenverarbeitung verschiedene Auslegungen des Flugzeuges analysiert; im Windkanal wurden 185 verschiedene Modelle untersucht, darunter allein 36 verschiedene Varianten der Tragflügel. Ein großer Sprung gelang auf technologischem Gebiet, indem 28 m

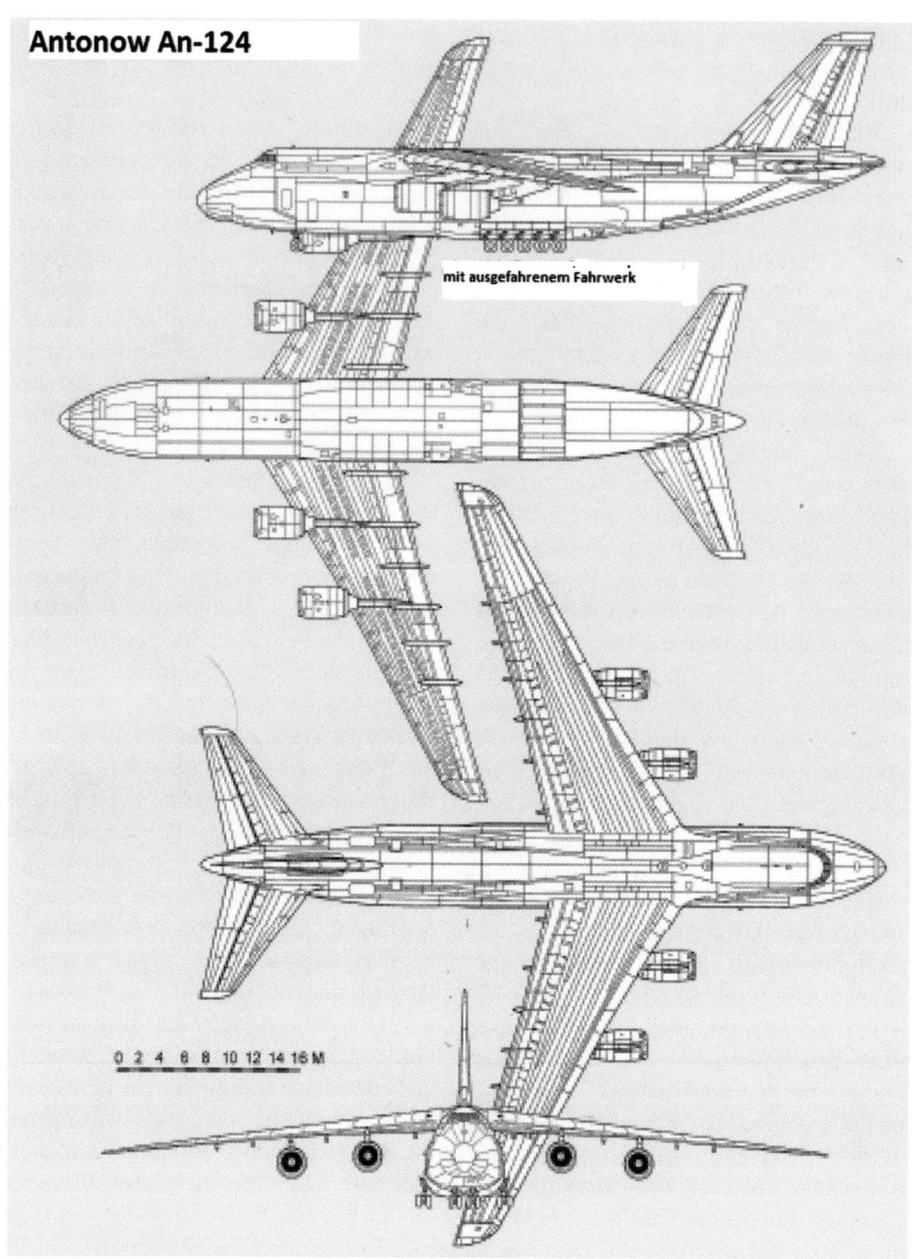

Eine technische Zeichnung der An-124.

lange unikale Tragflügelpaneele, großdimensionierte Rumpfpaneele, neue Materialien mit verbesserten Eigenschaften, darunter polymere Verbundstoffe und Befestigungsarten mit hoher Lebensdauer, entwickelt wurden. Im Ergebnis verbesserte sich die aerodynamische Qualität der Maschine um 20 Prozent und das Gewicht

Der Arbeitsplatz des 1. und 2. Boringenieurs.

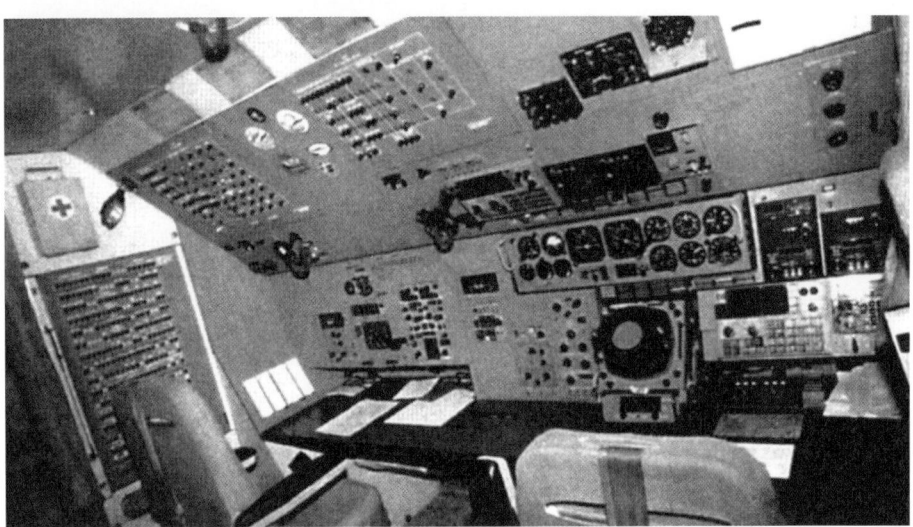

Der Arbeitsplatz des Navigators.

konnte um 10 bis 15 Prozent gesenkt werden.

Der spezifische Kraftstoffverbrauch der Triebwerke sank ebenfalls um 10 bis 15 Prozent, die Navigationsgenauigkeit verbesserte sich um das Vierfache und der Wartungsaufwand sank im Verhältnis zur An-22 und Il-76 um das Zwei- bis Fünffache.

„An der Realisierung des KZP-124 waren mehrere Dutzend Betriebe und Institutionen der unterschiedlichsten Ministerien beteiligt", erzählte der Leiter

Antonow macht alles noch mal neu

Start einer An-124 mit voller Beladung.

der Abteilung Perspektivkonstruktion des ANTK, O. J. Schmatko.

Um diesen komplizierten Kooperationsprozess zu beherrschen, wurde ein zentraler Koordinierungsrat gebildet, dem u. a. der Rat der Chefkonstrukteure angehörte. Auf den Sitzungen des Rates wurden nicht nur operative Fragen des Baus der An-124 besprochen, sondern auch neue wissenschaftlich-technische Fragen gelöst. Alles war dem Prinzip der Verantwortung für das Endprodukt untergeordnet. Die Koordinierung aller Probleme und die Lösung von Schlüsselfragen oblag P. W. Balabujew, die Gesamtleitung hatte O. K. Antonow. Obwohl an der An-124 ohne Übertreibung das ganze Land arbeitete, mussten die schwierigsten und verantwortungsvollsten Aufgaben im OKB (Experimental-Konstruktionsbüro) gelöst werden. Dabei ging es auch um die Sicherheit. Der Stellvertreter des Chefkonstrukteurs für Flugzeugsysteme N. P. Smirnow führte dazu aus: „Die Führungsfirma heißt auch deshalb so, weil sie die gesamte Verantwortung auf sich nehmen muss (...). Dieser Gigant mit seiner Fracht, das sind Millionen am Himmel. Das verlangt ein neues Herangehen an die Einschätzung der Sicherheit der Technik. Daraus ergibt sich die Schlussfolgerung, dass das Kollektiv, welches das größte Flugzeug der Welt zu bauen gedenkt, auch über die größte Zuverlässigkeit (Disziplin, Verantwortung, Verstand usw.) verfügen muss."

Überkritische Tragflächen

Eines der Schlüsselmomente beim Übergang von der 200 zur 400 war die Anwen-

Ein Riese und davor ein Zwerg. Erst durch den Vergleich wird die Größe augenscheinlich.

dung von Tragflügeln, die auf der Basis überkritischer Profile gebaut wurden. Das war der erste derartige Versuch in der UdSSR, und er kam nicht ohne große vorherige Diskussionen zustande. Der führende Konstrukteur der An-124 auf diesem Gebiet, W. I. Tolmatschow, sagte dazu: „Bisher waren wir gezwungen, Pfeilflügel sehr dünn zu bauen. Die Verwendung überkritischer Profile gab uns die Möglichkeit, die Tragflügel dick zu bauen, ohne dass sich der aerodynamische Widerstand erhöht. Die Konstruktion derartiger Tragflügel ist unter allen anderen gleichen Bedingungen leichter und technologisch einfacher herzustellen. Die in den Tragflügeln vorhandenen Räume gestatten die Unterbringung eines bedeutenden Teiles des Kraftstoffvorrates."

Es ist aber nicht von der Hand zu weisen, dass solch ein Tragflügel auch ein gewisses Risiko in sich birgt und eine Reihe neuer Forderungen an die Bordsysteme stellt. Nach eingehender Analyse kamen die Gelehrten, darunter auch die Mehrzahl der Aerodynamiker des OKB, zu der Schlussfolgerung, dass die Tragflügel der An-124 im klassischen Stil gebaut werden sollten. Nur eine kleine Gruppe von zehn bis zwölf Mann bestand auf der Verwendung des neuen Tragflügels. In dieser komplizierten Situation entschied der Generalkonstrukteur dennoch, den neuen Tragflügel zu verwenden. Und wie sich herausstellte, war die Entscheidung richtig. Er selbst machte die ersten Zeichnungen, machte die ersten Berechnungen, so wie er beim Übergang von der 200 zur 400, überhaupt bei der Konstruktion vieler Bauteile, selbst mitarbeitete.

Es hat den Anschein, als übertreffe die Spannweite der Maschine die Breite der Piste.

Elektronische Flugsteuerung

Um die Vorteile des Tragflügels mit überkritischem Profil voll ausnutzen zu können, war die Längskonfiguration des Flugzeuges mit nur geringer statischer Festigkeitsreserve auszustatten. Damit die An-124 aber dennoch normal fliegen konnte, musste sie mit einem elektronisch geregelten Steuersystem (EDSU), mit einer Reihe von Analogrechnern, ausgerüstet werden, was für ein Flugzeug dieser Klasse erstmalig geschah. Ein weiterer Grund für die Verwendung eines EDSU waren die großen Abmessungen des Flugzeuges und die dadurch auftretenden Deformationen durch äußere Kräfte bzw. Wärmeausdehnung.

Die Verwendung eines normalen Steuersystems, bei dem die Steuersignale mithilfe von Steuerseilen und Steuergestängen übertragen werden, wäre in diesem Fall äußerst problematisch. Außerdem würde ein derartiges System sehr schwer werden. Die Verwendung des EDSU machten das Flugzeug um 3,7 t leichter und der Verzicht auf einen Gewichtsausgleich bei den Steuerorganen noch einmal um 3 t. Die Funktion der Flatterunterdrückung und seiner Kontrolle übernahm ebenfalls das EDSU. Mit dem neuen Steuersystem war es auch möglich, ein Fliegen mit kritischem Anstellwinkel und in Grenzregimen zu verhindern.

Die Konstruktionsdaten der An-124 wurden sehr sorgfältig festgelegt. Das betraf nicht nur die Tragflügelgeometrie oder die Daten des Steuersystems. So wurde bei der Festlegung der Abmessungen der Frachtkabine eine hohe Zahl von Beladungsvarianten, sowohl von Militärfracht als auch von ziviler Fracht, durchgespielt. Im Ergebnis dieses Variantenspiels kam man zu der Schlussfolgerung, dass die optimale Beladungsvariante eine Beladung in zwei Reihen wäre und die Breite der Frachtkabine 6 200 mm betragen müsse. O. K. Antonow aber wollte sich nicht allein auf diese theoretischen

Landeklappen in ausgefahrener Stellung.

Das Hauptfahrwerk.

Blick von innen auf die vordere Ladeluke.

Elektronische Flugsteuerung

Start einer An-124 bei starkem Seitenwind.

Start einer An-124 mit relativ hohem Anstellwinkel.

Überlegungen verlassen. So wurde auf seine Veranlassung hin erstmals in der Sowjetunion das Modell einer Frachtkabine gebaut und durch dieses Modell wurde alle Technik einer Mot.-Schützendivision geschleust. Danach entschied der Generalkonstrukteur, die Breite der Frachtkabine auf 6 400 mm zu erhöhen. Heute, da die An-124 die Hauptlast aller Frachtflüge zu tragen hat, sind diese 200 mm oftmals entscheidend.

Eine der Besonderheiten des Flugzeuges, die zu ihrem Erfolg beigetragen hat, sind die zwei Frachtluken, die die Zeit der Be- und Entladung erheblich verkürzen. Die Konstruktion des Fahrwerkes trägt wesentlich dazu bei, den Beladungsprozess aus der vorderen Frachtluke zu erleichtern, indem das Bugrad eingefahren werden kann, die Maschine durch Hydraulikstützen gehalten wird und sich so der Winkel für die Be- und Entladung verringert.

Bei der Konstruktion des Fahrwerkes kam es auf hohe Festigkeit an. Bei der Projektierung wurden allein 13 Varianten des Fahrwerkes erarbeitet.

Auch ein zweietagiger Rumpf mit unabhängig voneinander hermetisierten Bereichen wurde erstmals im OKB angewendet. Eine derartige Auslegung trägt zur Gewichtsverringerung bei, erhöht die Nutzungsdauer und garantiert eine hohe Sicherheit für die Besatzung und die Frachtbegleiter im Falle einer Notlandung. Die elektronische Ausrüstung ist in speziellen Räumen im Oberdeck untergebracht, was jederzeit einen ungehinderten Zugang zur Behebung auftretender Defekte auch in der Luft gewährleistet.

Eine Schlüsselfrage bei der Erarbeitung der 400 war die Erhöhung der Wartungsfreundlichkeit. Zur regelmäßigen Kontrolle der Aggregate wurde die Maschine mit einem erstmals in der Sowjetunion entwickelten bordei-

Der Laderaum in seiner vollen Breite.

genen Kontrollsystem (BASK) ausgerüstet. Dieses System kontrolliert die Betriebsdaten der Triebwerke, des Enteisungssystems, des Elektrosystems, des Drucksystems, des Kabinenbelüftungssystems, des Hydrauliksystems und des Fahrwerkes. Eine weitere Aufgabe des Systems besteht in der Kontrolle der Handlungen der Besatzung, besonders im Prozess des Starts und der Landung. Außerdem erfüllt das System eine Reihe vollständig neuer Aufgaben, die bis dahin manuell ausgeführt werden mussten, wie die Kontrolle der Zentrierung des Flugzeuges beim Prozess der Beladung und während des Fluges und die Kontrolle des zulässigen Startgewichtes anhand der Flugplatzdaten.

Tests auf 44 Prüfständen

So wurde die An-124 wirklich zu einem Flugzeug einer neuen Generation, deren Werte die der Galaxy um 25 Prozent übertrafen. Jedenfalls auf dem Papier. Die Probleme, die auftreten konnten, wenn beim Bau auch nur irgendwo ein Fehler begangen wurde, verlangten die experimentelle Untersuchung von konstruktiven Schlüsselproblemen auf Prüfständen und in Laboratorien. Die Ergebnisse der Arbeit von Institutionen und Betrieben vieler Wirtschaftszweige mündeten in mehr als 3 500 Bauteilen. Sie alle wurden einer eingehenden Prüfung unterzogen. So wurden für die Experimente ein Tragflügeltorsionskasten, zwei Kabinendächer sowie ein großer Teil des Rumpfmittelteiles gebaut, der zuerst für die Konstruktion des Frachtbodens, später dann für Ermüdungstests im Wasserbassin verwendet wurde. Die Bordsysteme wurden mithilfe von 44 Prüfständen, darunter Prüfstände für das Fahrwerk, die Triebwerke und Hilfstriebwerke und das Hydrauliksystem, getestet.

Ausladen der Fracht aus der vorderen Ladeluke bei eingefahrenem Bugrad.

Das Hauptfahrwerk der An-124-100.

Die Leiter führt vom unteren Deck in das Oberdeck.

Die Laderampe der An-124-100 wird ausgefahren.

Landung vor traumhafter Bergkulisse.

Besonders hervorzuheben ist der Prüfstand für die Steuerung, welcher mit dem Prüfstand für die Tragflügelmechanisierung und dem Flugimitator (IPS) vernetzt war. Letzterer spielte eine besonders wichtige Rolle bei der Bestimmung der Stabilitäts- und Steuerbarkeitsdaten der An-124. Dieser Prüfstand bestand aus einer mit drei Freiheitsgraden ausgestatteten, naturgetreuen Kabine, mit dessen Hilfe reale Flugzustände simuliert werden konnten. Mithilfe von Fernsehbildern wurde die Umgebung sowie die Start- und Landebahn (SLB) bildlich dargestellt. Damit konnten die meisten Flugzustände, einschließlich des Landeanfluges und des Aufsetzens sowie 75 Ausfälle von Geräten und Systemen, simuliert werden. Außer den Prüfständen am Boden wurden noch vier fliegende Laboratorien eingesetzt.

Die Tests auf den Prüfständen hatten einen Umfang von 135 000 Stunden. Sie halfen, das technische Risiko, das mit der Schaffung eines technologisch so neuartigen Flugzeuges verbunden war, auf ein Minimum zu senken. Nach Einschätzung des leitenden Konstrukteurs für die Prüfstanderprobungen, J. M. Kirschner, ersparten die Überprüfungen am Boden der An-124 ungefähr 100 Testflüge.

Eine wichtige Etappe bei der Entwicklung eines jeden Flugzeuges sind die Festigkeitsprüfungen. Für die statischen Tests wurden ungefähr 60 000 Stunden verwendet. Diese Arbeiten wurden im Kiewer Motorenwerk (KMS) durchgeführt, mit Ausnahme der Tests des Fahrwerkes, welche in Nowosibirsk erfolgten.

Die ersten Exemplare der An-124, darunter auch das für die statische Prüfung, wurden in der Kiewer Vereinigung für Luftfahrzeugbau (KiAPO; Direktor W. G. Oleschko) in Zusammenarbeit mit dem KMS gebaut. Die Vorbereitungen für den

Verladen des gesamten Rumpfes einer Tu-204 in eine An-124.

Die Fertigung der allerersten AN-124 mit der Seriennummer 01-01.

Bau begannen, lange bevor die endgültige technische Fassung der An-124 fertig war. Bereits 1973 wurde im KiAPO mit dem Bau einer großen Fertigungshalle begonnen. Als die Konstruktionsunterlagen der An-124 (Nr. 01-01) 1979 im Werk eintrafen, wurde sofort mit dem Bau der technischen Ausrüstung begonnen.

Die Kooperation beim Bau der An-124 war sehr breit gefächert. Das Fahrwerk wurde in Kuibyschew, die Triebwerke in Saporoshe, die Anlassturbinen in Stupino

Die Anordnung der Triebwerke einer An-124-100.

bei Moskau und die Hydraulikgeräte in Charkow gebaut. Insgesamt waren mehr als 100 Betriebe am Bau beteiligt. Der wichtigste Partner aber war das Tschkalow-Werk in Taschkent, welches die Tragflügelkonsole, das Rumpfmittelteil und großflächige Rumpfteile herstellte. Aus Taschkent wurden die fertigen Teile auf dem Rücken von An-22 nach Kiew transportiert. Die noch aus der Zeit der An-22 in Taschkent existierende Filiale des OKB wurde 1973 in eine Konstruktionsabteilung des Werkes umfunktioniert und von I. G. Jermochin geleitet. Immer mehr nahm die Maschine mit dem Eintreffen der Teile in der Zeche Nr.10 des KiAPO an Form an. In der Halle arbeiteten nun Hunderte von Menschen.

Das Triebwerk D-18T vor dem Einbau.

Noch fehlten die Triebwerke

Eines der Probleme waren die Triebwerke. Als die Maschine fast fertig war, fehlten sie immer noch. Die ersten Prüfstandläufe des D-18T begannen erst drei Monate vor dem Start der An-124.

An die Probleme erinnert sich der damalige Abteilungsleiter für Triebwerke des Kiewer Werkes, W. G. Anissenko, so:

„Mit der Ausarbeitung des Triebwerkes war das Kombinat ‚Progress', welches von W. A. Lotarew geleitet wurde, beauftragt. Grundlage für das D-18 sollte das amerikanische Triebwerk TF-39 von General Electric mit einer Schubkraft von 178 kN bilden. Aber wie sich herausstellte, war dieses Triebwerk ein Triebwerk für rein militärische Zwecke mit einer sehr gerin-

Einbau des D-18T.

Die Taufe der 01-01 durch O. K. Antonow.

gen Sollbetriebszeit. Das Luftfahrtministerium wollte aber ein Triebwerk haben, das auch in der Zivilluftfahrt Verwendung finden konnte, so z. B. für die Il-86. Unter diesem Gesichtspunkt war das britische Rolls-Royce RB.211-22 günstiger. 1976 reiste eine Delegation des Ministeriums für Luftfahrt unter der Leitung des Stellvertretenden Ministers für Triebwerksbau Dondukow nach Großbritannien. In der Endkonsequenz war die Aufgabe gestellt, das Triebwerk zu kopieren. Es sollten mindestens acht Triebwerke gekauft werden, wofür eine Summe von zwölf Millionen US-Dollar bereitgestellt wurde. Aber die Engländer durchschauten unsere Pläne sehr schnell und teilten uns mit, dass sie das Triebwerk nur dann liefern würden, wenn mindestens 100 Flugzeuge damit ausgerüstet würden. So erhielten wir kein Muster und mussten das D-18T auf der Grundlage unserer Erfahrungen mit dem D-36 selber entwerfen."

Als leitender Chefpilot wurde der verdiente Testflieger, Held der Sowjetunion, J. W. Kurlin, auserwählt. Er begann seine Arbeit lange bevor die erste An-124 fertig gebaut war, indem er viele Flüge auf dem IPS durchführte. Seinen Hinweisen sind viele Verbesserungen des Steuersystems zu verdanken. Aber ein halbes Jahr vor dem Erstflug der An-124 sperrten ihn die Ärzte zeitweilig vom Fliegen und so wurde W. I. Terski vom Kollegium des Ministeriums als Chefpilot bestätigt. Er hatte bereits große Erfahrungen mit der An-22, An-72 und An-28. Am 24. Oktober 1982 fand in der Montagehalle unter großer Anteilnahme der Mitarbeiter des Werkes und des KiAPO die traditionelle Flugzeugtaufe statt. Antonow selber taufte die erste An-124 mit einer Flasche Sekt und danach wurde die Maschine aus der Halle gerollt.

Entsprechend den damaligen Gepflogenheiten erfuhr die Öffentlichkeit davon sehr wenig und die entsprechenden Dien-

Roll-out der Antonow An-124 mit der Seriennummer 01-01 im Oktober 1982.

ste bemühten sich um Geheimhaltung. W. I. Terski erinnerte sich: „Die ersten Rollversuche wurden am späten Abend oder in der Nacht durchgeführt. Das Wetter half uns dabei, es gab keine großen Niederschläge und die Start-und Landebahn brauchte nicht gesäubert zu werden. Es machte sich sofort bemerkbar, dass das Triebwerk noch nicht ausgereift war. Das D-18T war mit Verspätung ausgeliefert worden und die Il-76 als fliegendes Laboratorium war so gut wie noch nie mit dem Triebwerk geflogen. Wir hatten also die Forscher überrundet (...)"

Jenen Herbst werden die Mitarbeiter des Werkes wohl niemals vergessen. Wenn sie des Abends aus den Fenstern ihrer fünfetagigen Wohnhäuser schauten, dann konnten sie die Bewegung der Scheinwerfer auf der unsichtbaren Piste beobachten und zitterten um ihr liebstes Kind.

Während der Bodenerprobung tauchte das erste Mal der Name Ruslan auf. Nach der Erinnerung von A. P. Leonenko hatte Antonow sechs verschiedene Namen vorgeschlagen, die alle aus der griechischen Mythologie kamen. Aber dann entschied man sich für etwas slawisches, etwas, das Erinnerungen an Persönlichkeiten aus der Geschichte zum Ausdruck brachte. Auch der Name von Taras Bulba war darunter. Aber letztlich siegte doch Ruslan.

Der Erstflug

Dann kam endlich der 24. Dezember 1982. Mittags wurde die An-124 auf die Start- und Landebahn gerollt. Nachdem sie einige Rollproben absolviert hatte, stand sie zwei Stunden auf dem Stellplatz. Als sich dann am bleiernen Winterhimmel die ersten Wolkenlücken zeigten und die Sonne zaghaft zum Vorschein kam, führte die Ruslan ihren ersten Start durch. Geflogen wurde die Maschine von den Werkspiloten W. I. Terski und A. W. Galunenko, Steuermann war A. P. Poddubni, als Bordingenieure flogen W. M. Worotnikow und M. A. Schuluschenko, Funker war M. A. Tupschijenko. Auf diesem Flug wurde die An-124 von einer L-39 begleitet.

Nach dem Flug erzählte Terski: „Die Maschine flog wie eine Feder, stieg schnell auf Höhe. Eine Stunde lang absolvierten

Die 01-01 beim Testflug.

wir unser Programm zur Überprüfung von Stabilität und Steuerbarkeit und gingen dann in Gostomel zur Landung. Kaum hatten die Räder den Boden berührt, ging es in der Kabine los. Es gab eine derartige Vibration, dass wir dachten, alles bricht auseinander. Wie sich später herausstellte, kam diese Vibration vom Hauptfahrwerk. Es gelang uns schnell, die Geschwindigkeit zu verringern und auf den Abstellplatz zu rollen. Wir stiegen aus und sahen, dass eine Fahrwerksklappe und einige Fahrwerksgestänge zerstört waren. Antonow, der kam, um uns zu beglückwünschen, war sichtlich besorgt."

Trotz alledem wurde im Werk gefeiert. Der Flug war erfolgreich und fünfzehn Jahre angestrengter Arbeit waren nicht umsonst gewesen. Aber schnell war der Feiertag vorbei und die Fahrwerkstützen wurden zeitweilig mit Hydraulikdämpfern versehen, die später wieder entfernt wurden. Dafür wurde die Festigkeit der Fahrwerksbeine (Bug- und Hauptfahrwerk) wesentlich erhöht.

Den nächsten Flug führte die An-124 im September 1983 durch. Sie durchlief in Gostomel die erste Etappe der Flugerprobungen unter der Leitung der Ingenieure M. G. Chartschenko und W. S. Michailow.

Insgesamt wurden 131 Flüge mit einer Flugzeit von 251 Stunden durchgeführt. Bereits bei diesen Erprobungen kam ein weiteres Problem zum Vorschein, welches die Ruslan mehrere Jahre lang begleiten sollte: die gasdynamische Instabilität des D-18T, besonders beim Start. Bereits beim achten Start trat an einem Triebwerk Pompage (eine Verbrennungsstörung) auf und es fiel aus. Da die Piste in Gostomel zu dieser Zeit noch nicht verlängert war, wurde in Usin gelandet.

Am Boden wurde festgestellt, dass die instabile Arbeit des Triebwerkes zur Zerstörung der Turbinenscheibe geführt und die Schaufel die Triebwerksverkleidung durchschlagen hatte. Das Triebwerk fiel für längere Zeit aus und man entschloss sich, mit drei Triebwerken nach Hause zurückzukehren. Vorsichtshalber wurden vor dem Start noch mehrere Rollproben mit einem und mit zwei abgeschalteten Triebwerken durchgeführt und dann wurde gestartet. Die Maschine flog zuerst nach Gostomel und dann nach Swatoschino, wo das beschädigte Triebwerk gewechselt wurde. Während dieser Erprobungsetappe gab es auch Ausfälle im elektronischen System der Stabilitätsverbesserung. Ende 1984 wurde die

Die Gesamtansicht des Hauptfahrwerks der An-124.

Das ausgefahrene Bugfahrwerk der An-124 mit seinen Doppelrädern.

Der Erstflug

Die Besatzung einer An-124 nach der ersten Landung in Tekeli (Jakutien).

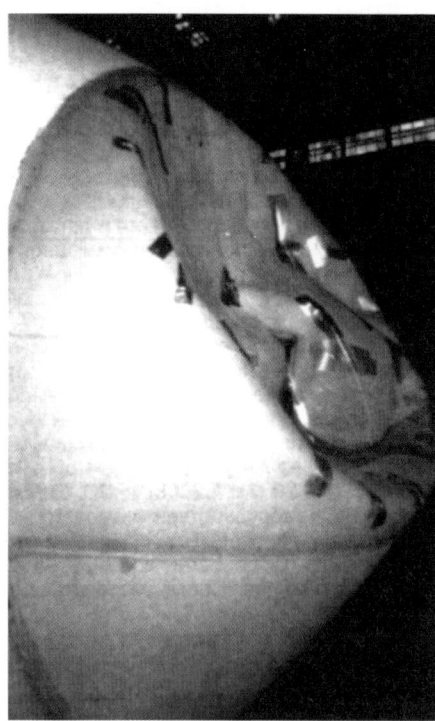

Ein Blitzschlag an der Bugnase der An-124 mit der Seriennummer 01-05.

zweite An-124 (01-03) in das Testprogramm eingeführt. Mit ihr wurde die Flugsicherheit beim Auftreten der verschiedensten Defekte getestet. Bis zum 5. Oktober 1985 führte die Maschine 163 Testflüge mit 289 Stunden Flugzeit durch.

Auftritt in Le Bourget

Im Mai 1985, als die Ruslan sich am Himmel schon einigermaßen sicher fühlte, wurde sie der sowjetischen Presse vorgeführt und einige Wochen später gab sie ihr Debüt auf dem XXXVI. Luftfahrtsalon in Le Bourget. Die westlichen Journalisten nannten die Maschine sofort „das russische Wunder" oder „Superstar", doch es wurden auch Zweifel geäußert.

Um der Welt die Vorzüge der An-124 zu demonstrieren, entschloss sich das Luftfahrtministerium sofort nach Rückkehr der Maschine aus Paris, einige Rekorde mit ihr vorzulegen. Bereits am 26. Juni stellte die Besatzung Terski mit der 01-01 gleich

An-124-100M UR-82027 in Le Bourget.

Eine An-124-100 in über 10 000 m Flughöhe.

Die Tragflächen einer An-124-100.

21 Rekorde bei einem Flug auf. Unter anderem wurde eine Last von 171,219 t auf eine Höhe von 10 750 m gebracht und damit ein Rekord der C-5A (111,461 t auf 2 000 m) überzeugend übertroffen.

Später, im Mai 1987, wurde mit der 01-08 und einer gemischten Besatzung (einschließlich Militärpiloten) unter dem Kommando von Terski ein Langstreckenflug ohne Zwischenlandung über 20 151 km entlang der Grenze der UdSSR in 25 Stunden und 30 Minuten durchgeführt. Die Startmasse bei diesem Flug erreichte die Rekordgröße von 455 t. Damit wurde der Weitenrekord über eine geschlossene Strecke der B-52H (18.245,5 km) gebrochen. Die Zertifizierungsflüge der An-124 nach dem „Programm der Staatlichen Abnahme" begannen im November 1983.

Sie wurden durch Besatzungen des Wissenschaftlichen Forschungsinstituts der Luftstreitkräfte (NII) unter Beteiligung von Werkspiloten durchgeführt. Bis zum Dezember 1984 wurden mit der 01-01 157 Flüge mit einer Flugzeit von 304 Stunden, darunter 18 Flüge mit großem Anstellwinkel, durchgeführt. Bei diesen 18 Flügen bestand die Aufgabe vor allem darin, das System der Grenzregimebegrenzung sowie die auf der Tragflügeloberfläche angebrachten Wirbelgeneratoren zu überprüfen. Diese Wirbelgeneratoren haben die Aufgabe, den unkontrollierten Übergang zu kritischen Anstellwinkeln (Strömungsabriss) zu verhindern. Die Flüge wurden durch eine gemischte Besatzung unter Terski und dem Testpiloten des NII, Oberst Belskij, durchgeführt. Später nahmen auch die An-124 01-03 und die 01-07 am staatlichen Testprogramm teil.

Vom Flugplatz in Tschkalowsk bei Moskau wurden 189 Flüge mit einer Flug-

Start einer An-124-100 unter Winterbedingungen mit viel Schnee.

zeit von 751 Stunden durchgeführt. Zur gleichen Zeit fanden 414 Flüge mit einer Gesamtzeit von 1 288 Stunden mit dem fliegenden Laboratorium Il-76 zum Test des D-18T statt, während mit der An-22 86 Flüge über 313 Stunden für den Test der Ausrüstung der An-124 erfolgten. Im Dezember 1986 wurde dann das Abschlussprotokoll des staatlichen Tests unterschrieben und damit bestätigt, dass die An-124 den geforderten Anforderungen entspreche.

Vereisung und Wirbelschleppen

Im Verlauf der nächsten drei Jahre erfolgten noch weitere, spezielle Tests unter den Bedingungen einer normalen Vereisung. So führte die Besatzung Terski 37 Flüge im Gebiet der Barentssee von Nowaja Semlja bis zur Bäreninsel durch, um das Verhalten bei Vereisung zu überprüfen: Sofort, wenn man eine geeignete Wolke fand, wurde in diese hineingeflogen, bis sich auf den Tragflügeln bis zu 90 mm Eis gebildet hatte, dann wurde aus der Wolke herausgeflogen und die Stabilität der Maschine überprüft. Bei diesen Flügen wurde die An-124 oft von NATO-Flugzeugen begleitet, welche bis zu 500 m an die Maschine heranflogen, um das „russische Wunder" zu fotografieren. Bei diesen Flügen wurde auch die erste Landung auf einer vereisten Landebahn auf der Franz-Joseph-Insel durchgeführt.

Zur gleichen Zeit führte der für das Fliegen wieder zugelassene Kurlin mit seiner Besatzung zehn Flüge durch, um das Verhalten der An-124 beim Durchfliegen der Wirbelschleppe einer anderen Ruslan zu überprüfen. Kurlin erinnert sich:

Die Wirbelschleppe ist unter normalen Bedingungen schwer zu erkennen.

„Das schwierigste bei diesen Flügen war, die Wirbelschleppe zu erkennen, dafür verwendeten wir die meiste Zeit. Aber bald schlug Mischa Xartschenko vor, mit dem Hilfsaggregat altes Maschinenöl zu verbrennen. In der Frachtkabine wurde ein Behälter für 8 t Öl aufgestellt und die Leitung wurde zum Abgasrohr des Hilfsaggregates geführt. Das Ergebnis übertraf alle Erwartungen. Die erzeugte Wirbelschleppe war genau wie im Lehrbuch für Aerodynamik abgebildet. Ungefähr 5 bis 8 km hinter dem Flugzeug schloss sie sich zu einem Ring mit einem Durchmesser von 150 bis 200 m und in dieser Zone waren die Wirbel am intensivsten.

Wir probten das Hinein- und Herausfliegen aus dieser Zone und bestimmten die dabei auftretenden Kräfte und Momente. Dann näherten wir uns der führenden An-124 bis auf 50 Meter. In dieser Zone waren die Wirbel zwar intensiv aber sehr eng und damit praktisch ungefährlich. Der einzige Nachteil dieser Methode war, dass das Öl die Seitenfenster der Kabine verschmutzte, was die Landung erschwerte, da diese dann mit dem Funkhöhenmesser erfolgte. Bei einer dieser Landungen berührten wir mit dem Bugrad die Landebahnschwelle, aber dank des starken Fahrwerkes ging alles gut ab. Wir zogen die Schlussfolgerung, dass dank des guten Steuersystems ein Fliegen der An-124 in der Wirbelschleppe eines anderen Flugzeuges keine Gefahren in sich birgt und sanktionierten das Fliegen der An-124 in enger Gefechtsordnung."

1989 wurde die 01-08 für das Absetzen von Mensch und Technik ausgerüstet. Dann wurde das Absetzen von Dummys und Attrappen von Militärtechnik bis zu einem Gewicht von 25 t erprobt. Während es beim Absetzen der Technik keine Probleme gab, machte der Abwurf der Dummys Sorgen und gab den Konstrukteuren Anlass zum Nach-

An-124-100 der russischen Regierungsfliegerstaffel in Begleitung von zwei Jagdflugzeugen.

denken. Die starken Wirbel hinter dem großen Rumpf der Ruslan schleuderten die Puppen mächtig durcheinander und führten sogar zum Verheddern der Fallschirmleinen. Im Ergebnis der Tests kam man zu der Schlussfolgerung, dass ein Absetzen von Fallschirmjägern aus der hinteren Frachtluke zu gefährlich sei, und entschloss sich, an den Seiten des Rumpfes zusätzliche Türen anzubringen. Die 01-08 wurde damit ausgerüstet. Da es seitens der Transportfliegerkräfte aber keine weiteren Anfragen für einen Umbau gab, blieb sie die einzige Maschine mit derartigen Türen.

Die Serienfertigung

Geplant war, die Serienproduktion der An-124 in Kiew durchzuführen. Aber zu Beginn der 1980er-Jahre war das gerade eröffnete Flugzeugwerk in Uljanowsk (UAPK; Direktor F. S. Abdulin) praktisch ohne Arbeit. Das Werk hatte bisher die Tu-160 gebaut und wurde nun als eines der größten Flugzeugwerke in Europa auch eines der ersten Opfer der strategischen Abrüstung. Aber es sollte wieder ausgelastet werden und so beschloss die Regierung, in diesem Werk ebenfalls Ruslan zu montieren.

Um sich mit der neuen Maschine vertraut zu machen, kamen viele Arbeiter und Ingenieure nach Kiew. Die Kiewer teilten ihre Erfahrungen gerne mit. Damals dachte noch niemand auch nur mit einem Gedanken daran, dass die heutigen Freunde sich morgen in ernsthafte Konkurrenten verwandeln könnten. Um operativ auftretende Fragen klären zu können und eine Kontrolle auszuüben, wurde im UAPK eine Vertretung des ANTK (Wissenschaftlich-technischer Komplex für Luftfahrt) eingerichtet und zum Vertreter des Generalkonstrukteurs wurde W. I. Nowikow ernannt.

Eine An-124 in Uljanowsk.

Eine An-124-100 der russischen Frachtgesellschaft Volga-Dnepr.

Eine wunderbare Aufnahme des Giganten in der Nacht am Abstellplatz.

In Uljanowsk startete als erste Maschine die 01-07 unter A. W. Galunenko. Nach den neuen Plänen war vorgesehen, dass außer den sechs Flugzeugen der ersten Serie in Kiew 30 weitere Flugzeuge der 2., 3., und 4. Serie gebaut werden sollten, während in Uljanowsk parallel dazu 60 Flugzeuge, einschließlich dreier Flugzeuge der ersten Serie gefertigt werden sollten. Tatsächlich wurden dann aber an den Ufern des Dnepr nur 17 Serienmaschinen (die letzte 03-02, 1994) und an der Wolga nur 33 Flugzeuge (die letzte 07-10, 1995) gebaut. Wenn man die erste Versuchsmaschine und das Exemplar für die statischen Erprobungen dazu rechnet, so wurden insgesamt nur 52 Ruslan produziert. Außerdem standen im KiAPO die 03-03 und im UAPK die 08-01, 08-02 und 08-03 in halbfertigem Zustand. Zwei davon hat die Fluggesellschaft Volga-Dnepr gekauft.

Die zivile An-124-100

Die An-124 war ursprünglich als Basismodell für eine Reihe von Modifizierungen gedacht, worunter ein Tankflugzeug und eine Personen/Fracht-Variante angedacht waren. Auf die letzte Variante kam das ANTK mehrmals zurück, auch als das Bauprogramm der An-124 bereits weit fortgeschritten war. In der Zeit, als die Prognosen des Passagieraufkommens in der UdSSR noch optimistisch waren, war die An-124 sogar als reine Passagiermaschine für mehr als 800 Fluggäste mit einer Reichweite von bis zu 10 000 km gedacht. Die Kraftstoffeffektivität sollte die damalige Rekordmarke von 25 bis 26 g/Passagierkilometer erreichen. Die Umwandlung in ein derartiges Flugzeug hätte allerdings große Umbauten des Rumpfes erfordert. Die Frachtluken hätten entfernt und Eingangstüren für die Passagiere und Notausstiege eingebaut werden müssen.

Das geräumige Cockpit der An-124-100 ist noch konventionell instrumentiert.

Das Wichtigste wäre aber gewesen, den Überdruck in der Kabine um das Doppelte zu erhöhen, wofür sie nicht ausgelegt war. Das hätte praktisch dazu geführt, dass vom Rumpf nur noch die geometrischen Abmessungen fortbestanden hätten, die Konstruktion aber vollständig neu zu machen gewesen wäre. Aber nicht die Konstruktionsschwierigkeiten alleine führten zum Verwerfen dieser Idee, sondern auch die zumindest im Heimatmarkt fehlende Passagiernachfrage an einen derartigen Giganten.

Die einzige Modifizierung bis heute ist die An-124-100, d. h. eine „demobilisierte" Variante der An-124 – eine zivile Frachterversion. Die Notwendigkeit ergab sich einfach daraus, dass die An-124, als die Militärs mit ihr auf den Weltmarkt drängten, nicht über das notwendige Lufttüchtigkeitszertifikat verfügte. Die Konkurrenten bekamen diese Schwäche natürlich sehr schnell mit. Das Ergebnis war ein Verbot von Frachtflügen der An-124 und dem ANTK blieb nichts anderes übrig, als gemeinsam mit Aviastar die Maschine zu modernisieren und die teuren Zertifizierungstests durchführen zu lassen.

Als Erstes wurde die gesamte, nur für militärische Aufgaben vorgesehene Ausrüstung aus der Maschine entfernt. Die Sauerstoffversorgung wurde modernisiert. Es wurden Funkstationen mit zivilen Frequenzbereichen eingebaut und die Instrumentierung modernisiert.

Die Ausfahrwinkel der Landeklappen wurden von 40° auf 30° verringert. Da bei kommerziellen Frachtflügen die Sollbetriebszeit wesentlich schneller verbraucht wird als beim Militär, wurden für die An-124-100 die Sollbetriebszeiten individuell verlängert, um die Flugsicherheit selbst bei intensivster Nutzung der Maschine zu garantieren. Aber selbst

Die zivile An-124-100

Eine An-124-100 Ruslan bereit zur Frachtaufnahme.

Ein Frachtbegleiter auf dem Weg nach unten.

Die An-124 RA-82038 der russischen Regierungsstaffel.

Kleinigkeiten wurden geändert, wie das Anbringen von Beschriftungen in englischer Sprache, eine neue Innenverkleidung in den Kabinen der Frachtbegleiter und der Einbau von Toiletten. Die ersten Maschinen der Zivilvariante wurden 1990/91 fertig (Maschinen 02-08, 02-10).

Erste Katastrophe

Einen besonderen Teil in der Geschichte der An-124 nimmt die Zeit von Januar 1990 bis Dezember 1992 ein. Das ist die Zeit, in der die Flugzeuge 01-01, 01-03, 05-07 und 02-08 die staatliche Zulassungsprüfung entsprechend der zivilen Zulassungsnorm NLGS durchliefen. Die Tests beinhalteten: eine Einschätzung der Flugcharakteristiken unter extremen Temperaturbedingungen, Bestimmung der optimalen Landekonfiguration, Einschätzung der Methodik der Zeitverkürzung für das Warmlaufen der Triebwerke beim Start, Einschätzung der Flugsicherheit bei Systemausfällen, Lärmmessungen usw.

Dafür waren 266 Flüge mit einer Flugzeit von 732 Stunden nötig.

Bei einem dieser Flüge mit der An-124 Nr. 01-03 kam es am 13. Oktober 1992 zur ersten Katastrophe mit der Besatzung unter der Leitung von S. A. Gorbik. Diese hatte die Aufgabe, die Steuerbarkeit der Maschine bei maximalem Staudruck zu überprüfen. Im Moment der größten aerodynamischen Belastung kam es zu einer Zerstörung der Radarnase und danach der gesamten vorderen Ladeluke. Bruchstücke davon beschädigten die beiden rechten Triebwerke, die dadurch ausfielen. Die Besatzung war nicht mehr in der Lage, den Flugplatz zu erreichen – die Maschine stürzte in der Nähe von Kiew in einen Wald. Dabei starben 8 Personen, was für das ANTK ein schwerer Verlust war. Begünstigt worden war die Katastrophe unter anderem durch die Kollision mit Vögeln im Verlaufe des Starts zu diesem Testflug.

Allerdings war zu dieser Zeit die staatliche Prüfung so gut wie beendet. Die Attestierung der Lufttüchtigkeit für die

Bis zur Einführung der 3. Serie des D-18T-Triebwerks war der Antrieb die größte Schwachstelle der An-124.

An-124-100 war auch durch die Katastrophe nicht mehr zu erschüttern. Im März 1993 gab es dann die Ukrainisch-Russische Entscheidung Nr. 490-93 über die An-124-100. Danach wurden in Kiew und in Uljanowsk noch fünf Ruslan (03-01, 03-02, 07-08, 07-09, 07-10) gebaut. 15 An-124 wurden zu An-124-100 umgerüstet. Alle tun ihren Dienst im Frachtverkehr.

	Flugvorkommnisse mit der An-124
1	Während des Testfluges einer An-124 am 13. Oktober 1992 wurde beim Sturzflug mit Maximalgeschwindigkeit die Verkleidung der Bugspitze zerstört. Trümmerteile beschädigten gleichzeitig drei Triebwerke. Bei der Landung raste die Maschine in eine Lagerhalle. Bei der Katastrophe kamen 8 Personen zu Tode.
2	In der Nacht zum 15.11.1993 prallte die An-124-100 RA-82071 der Gesellschaft Aviastar bei der Landung in Kerman (Iran) gegen einen Berg. Ursache war ein Besatzungsfehler. Es kamen 17 Personen ums Leben.
3	Die An-124-100 RA 82069 stürzte am 8. Oktober 1996 in San Francesco al Campo (Italien) ab, nachdem die Besatzung aufgrund eines Planungsfehlers durchstarten musste, das Flugzeug zunächst mit Bäumen kollidierte und daraufhin in ein Wohnhaus stürzte. Dabei kamen zwei Besatzungsmitglieder und zwei Hausbewohner ums Leben.
4	Die Maschine An-124 der LSK der RF, takt. Nr. 08, startete am 6. Dezember 1997 um 14:40 Uhr Ortszeit vom Flughafen in Irkutsk. An Bord befanden sich zwei Su-27UB für Vietnam. Nach dem Start fielen zwei Triebwerke aus. Bei der Katastrophe kamen 8 Mann Besatzung, 15 Passagiere und 45 Hausbewohner ums Leben.

Ein D-18T-Triebwerk der 3. Serie.

Schwachstelle Antrieb

Aber alle diese wichtigen und notwendigen Arbeiten beseitigten nicht das Hauptproblem, welches sowohl der militärischen als auch der zivilen Variante der Ruslan eigen war, nämlich die geringe gasdynamische Stabilität der Triebwerke D-18T der ersten Serien. Obwohl der Hauptbesteller, das Ministerium für Verteidigung der Russischen Föderation, dieser Frage relativ gleichgültig gegenüber stand, versuchten die Hersteller Progress (Generalkonstrukteur F. M. Murawtschenko) und Motor Sitsch (Generaldirektor W. A. Boguslajew) mit allen Mitteln, eine Modernisierung der Triebwerke zu erreichen. Aber erst im Jahre 1997 gelang es, die ersten Triebwerke der 3. Serie zu produzieren. Bei diesen Triebwerken wurden die gesamten Erfahrungen der zwölfjährigen Wartung des D-18T berücksichtigt und alle Erkenntnisse neuester Technik verarbeitet, um die Zuverlässigkeit zu erhöhen, die Triebwerke ökonomischer zu gestalten und die Sollbetriebszeit zu erhöhen.

Für diese 3. Serie liegt die Zeit zwischen den Instandsetzungsarbeiten bei 6 000 Stunden und die Gesamtbetriebszeit bei 24 000 Stunden. Leider ist der Preis mit 4 Millionen Dollar pro Triebwerk sehr hoch, was für die meisten Betreiber der An-124 Anlass genug ist, diese Triebwerke nicht zu kaufen, sondern ihre Triebwerke der 1. und 2. Serie bei den laufenden Wartungsarbeiten selbst auf das Niveau der 3. Serie umzurüsten.

Inzwischen sind auch die Forderungen der ICAO an die Flugzeuge, die auf internationalen Strecken fliegen, immer mehr gestiegen. Um dem gerecht zu werden, werden die zivilen Ruslan ständig modernisiert. So wurden die Triebwerksverkleidungen der An-124-100 mit schallisolierenden Werkstoffen versehen, um den Lärmanforderungen der ICAO gerecht zu werden. Die Maschinen wurden auch mit Satellitennavigationssystemen 3MGPS ausgerüstet. Im Zusammenhang mit der Verringerung der vertikalen Staffelungshöhe über dem Atlantik auf 300 m wurden notwendige Verbesserungen durchgeführt und das dafür nötige Zertifikat erhalten. Es wurde auch das Kollisionswarnsystem TCAS-2000 von Honeywell eingebaut. Die erforderliche Dokumentation wurde den Serienwerken übergeben, damit sie in der Lage sind, die Maschinen der Fluggesellschaften umzurüsten.

Aber noch ist dieser Umrüstungsprozess nicht abgeschlossen. Auf der Grundlage praktischer Erfahrungen werden einige Tragflügel- und Rumpfsegmente verstärkt. Der Rahmen der vorderen Ladeluke und der Frachtraumboden wurden so gestaltet, dass die Bodenbeladungsarbeiten einfacher wurden und der Korrosionsschutz einiger besonders gefährdeter Zonen wurde erhöht. Auch das Bodenkollisionswarnsystem SPPSe-3 wurde eingebaut.

Aber trotz aller bisheriger Bemühungen wurde immer klarer, dass eine radikale Modernisierung der Maschine von Nöten sei. Dazu gehört die Verringerung der Besatzungsstärke, die Ausrüstung mit moderneren Bordgeräten und neuen Triebwerken. 1996/97 hat das ANTK der Organisation Aviastar die Dokumentation für eine Modernisierung der Maschine übergeben. Sie läuft unter der Bezeichnung An-124-100M und beinhaltet den Austausch eines Teiles der Navigations- und Funkausrüstung, den Einbau von Triebwerken der 3. Serie und die Verringerung der Besatzung von sechs auf vier Mann. Allerdings wird die An-124-100M nicht neu gebaut, sondern es ist vorgesehen, die im Betrieb befindlichen Maschinen umzurüsten.

Es wurden auch Varianten ausgearbeitet, die Maschine mit westlichen Triebwerken auszurüsten, darunter mit dem amerikanischen Triebwerk CF6-80C2 von General Electric. Als Bezeichnung würde An-124-200 in Frage kommen. Die Engländer veröffentlichten eine Variante der An-124-210 mit dem Triebwerk RB211-52H-T von Rolls-Royce. Die Verwendung dieser Triebwerke würde die praktische Reichweite der Maschine um acht bis zehn Prozent vergrößern, die Startstrecke verringern und einen Start mit größerer Lademasse bei hohen Außentemperaturen und in größeren Höhenlagen ermöglichen.

In Zusammenarbeit zwischen der amerikanischen Firma Honeywell und der russischen Firma Aviapribor sollen die An-124

Auf der Leiter klettert die Crew ins Cockpit der An-124-100.

Die modernisierte Variante An-124-100M.

in Zukunft mit modernen Geräten, darunter Flüssigkeitskristalldisplays, ausgerüstet werden. Das führt zu einer Vereinfachung der Geräteausrüstung, zu Gewichtseinsparungen und zu einer höheren Sicherheit und gibt letztendlich die Möglichkeit, die Zahl der Besatzungsmitglieder auf drei zu verringern. In Übereinstimmung mit den Forderungen der ICAO wird ein neues Erdkollisionswarngerät EGPWS und das Satellitennavigationssystem SATCOM eingebaut. Gleichzeitig soll ein neues Landeverfahren, wie es bei der An-70 erprobt wurde, zur Anwendung kommen. Diese Modernisierungen sind unausweichlich, um zu verhindern, dass die Maschine mit der Zeit ihre Konkurrenzfähigkeit verliert. Das Hauptproblem besteht derzeit darin, die für die Modernisierung erforderlichen Finanzmittel zu beschaffen.

Plattform für Satellitenstarts

In letzter Zeit wird die Zukunft der An-124 nicht alleine in der Frachtbeförderung gesehen, sondern auch in einer Reihe kosmischer Programme: in der Eigenschaft als Startplattform für Trägerraketen in der Luft. Es gibt weltweit eine große Nachfrage, Raumkörper mit einer Masse bis zu 3 t in der Luft zu starten. Die Berechnungen haben ergeben, dass bei einem Start von einem Flugzeug aus die Nutzmasse der Trägerrakete um 20 bis 25 Prozent steigt, was zu einer Kostensenkung führen könnte. Nach Meinung von Wissenschaftlern wird bis zum Jahre 2015 mit einem Bedarf von 2 000 Starts gerechnet.

Heute ist man der praktischen Realisierung bereits sehr nahe, daran arbeiten neben dem ANTK die russischen Firmen

Das Cockpit der An-124-100 in der Gesamtansicht.

Die Verladung eines Raketenkomplexes in den Frachtraum.

An-124-100 der Gesellschaft Poljot. Die Maschine ist zeitweilig abgestellt.

Energija, Poljot, das SNTK Kusnetzow und eine Reihe anderer. Um an diesem Programm teilnehmen zu können, wird die An-124-100 so ausgerüstet, dass sie in der Lage ist, einen Transport-Startbehälter der Rakete aufzunehmen, die Rakete im vorgesehenen Gebiet abzusetzen, zu zünden, den Flug zu steuern, die Raketensysteme zu kontrollieren und die telemetrischen Daten an die entsprechenden Nutzer weiterzugeben. Die wichtigste konstruktive Überarbeitung betrifft die hintere Frachtluke, um die Rakete in der Luft abzusetzen.

Auch das Steuersystem der Maschine bedarf einer Überarbeitung, um gefahrlos die Rakete vom Flugzeug zu trennen. In Übereinstimmung mit dem Regierungs-

Die noch geschlossene hintere Ladeluke.

beschluss der Russischen Föderation Nr. 1702 vom 1. Dezember 1998 wurden der Fluggesellschaft Poljot für die Verwendung im Programm „Luftstart" vier An-124 aus dem Bestand der Transportfliegerkräfte übergeben (RA-82024, RA-82010, RA-82014 und die taktische Nummer 10, vormals RA-82026, was den Seriennummern 02-05, 01-09, 05-03 und 02-07 entspricht).

Militärischer Einsatz

Die Militärdoktrin der Sowjetunion sah für die strategischen Transportfliegerkräfte vor, Großraumkampftechnik, Fracht und Personal in die Zone der Gefechtshandlung zu transportieren. Die Maschine gestattete erstmals, im Lufttransport fast 100 Prozent der Technik und Bewaffnung der Landstreitkräfte, der Luftstreitkräfte, der Luftverteidigung und der strategischen Raketentruppen zu befördern.

Die ersten An-124 wurden in den Bestand der 12. Transportfliegerdivision (TFD) übergeben. Diese Division hatte bereits drei Transportfliegergeschwader (TG) mit An-22 in ihrem Bestand (das 566. TG in Sescha, im Gebiet von Brjansk, das 81. TG in Iwanowo und das 8. TG in Twer). Auf Befehl des Oberkommandierenden der Luftstreitkräfte, Marschall der Flieger, A. N. Jefimow, wurde als erster Basierungsort Sescha gewählt, da die ingenieurtechnische Ausrüstung dieses Platzes am besten den Anforderungen entsprach. Es wurde nur die Start- und Landebahn um 600 Meter auf 3 300 Meter verlängert. 1985 wurde im 566. TG die vierte Staffel gebildet, deren Tätigkeit mit dem Studium der technischen Dokumentation der An-124 begann. Ein Teil des

Die Verladung von Panzern durch die vordere Ladeluke.

ingenieurtechnischen Personals und der Versorgungseinheit durchlief im ANTK die Umschulung auf den neuen Flugzeugtyp.

Im Verlaufe des folgenden Jahres wurden die An-22 des 566. TG auf die anderen beiden TG aufgeteilt und am 10. Februar 1987 landete die erste An-124 (01-04), Kommandant war Oberstltn. W. W. Nikolajew, in Sescha. Diese Maschine war in Kiew gebaut worden. Vier Tage später landete die in Uljanowsk gebaute 01-07 in Sescha.

Im Verlaufe von zwei Jahren wurden dem TG folgende Maschinen übergeben: aus Kiew die 01-05, 01-06, 02-01 bis 02-06, aus Uljanowsk die 01-09, 01-10, 05-01 bis 05-08. Die Ruslan war gegenüber der Antäus um vieles komplizierter und verlangte sowohl dem Militär als auch den Hunderten Mitarbeitern des

An-124 Abstellplatz im 566. TG.

An-124 der LSK der Russischen Föderation.
Die Maschine ist auf dem Flugplatz von Sescha abgestellt.

Ministeriums für Luftfahrt einiges ab, um die Maschine beherrschen zu lernen. Um alle auftretenden Probleme operativ lösen zu können, wurde eine große Gruppe des Ministeriums unter Leitung von W. Schmiljowow nach Sescha kommandiert. Zu dieser Gruppe gehörten auch Spezialisten der Serienwerke. Zu Beginn der Inbetriebnahme der An-124 wurden ihre Mängel, wie die geringe gasdynamische Stabilität der Triebwerke (die Sollbetriebszeit lag anfangs bei 300 Stunden), aufgedeckt. Es gab viele Ausfälle der Funkausrüstung, der Rumpf war ungenügend abgedichtet und es fehlten die notwendigen Bodengeräte. Diese Mängel mussten beseitigt werden, beispielsweise durch die Nachrüstung der Triebwerke D-18T. Die ersten Einsatzaufgaben waren aber nicht militärischer Natur, sondern es waren Frachtflüge für die von dem Erdbeben betroffene Bevölkerung Armeniens im Jahre 1988. An dieser Aktion waren neun An-124 der Transportfliegerkräfte beteiligt, die mit 28 Flügen 2 058 t Lebensmittel, Medikamente und Hilfsausrüstung zum Flugplatz Swartnotz flogen. Die Gesamtflugzeit lag bei 377 Stunden. Auch im folgenden Jahr wurden diese Flüge fortgesetzt. Dabei wurden noch einmal 7 645 t Fracht befördert, darunter bei einzelnen Flügen mehr als 100 t. 1990 transportierten die An-124 die Ausrüstung für ein Fertigbetonwerk aus den USA nach Armenien. Bei diesen Flügen betrug die Startmasse 420 t und überstieg damit die maximal zulässige Größe um 28 t.

Während dieser Zeit kamen immer neue Maschinen in das 566. TG. 1989 betrug der Bestand bereits 28 Flugzeuge, darunter 17 aus Uljanowsk und 11 aus Kiew. Die 05-07 wurde vom TG an das GK NII der LSK in Tschkalowsk übergeben, wo mit der Maschine Tests nach einem Sonderprogramm durchgeführt wurden. Da sich der Bestand so vergrößert hatte,

Militärischer Einsatz 59

Beladung einer An-124-100 mithilfe eines Krans.

Verladung von Geländewagen in zwei Reihen.

entstand auf Befehl des Verteidigungsministeriums vom 25. Januar 1989 das 235. TG. Das Geschwader wurde ebenfalls in Sescha stationiert. Es erhielt erst einmal aus dem 566. TG die 01-09, 01-10, 05-09, 05-10 und 06-01 bis 06-05. Am 28. März 1989 wurde auf Befehl des Obersten Befehlshabers der Sowjetarmee, M. S. Gorbatschow, die An-124 offiziell in die Bewaffnung der Armee übernommen.

Militärs im Dienste der Wirtschaft

Bereits zwei Jahre zuvor hatte die Regierung der UdSSR offiziell zugestimmt, die Ruslan auch für zivile Frachtflüge einzusetzen, und beide TG begannen damit, auf Rechnung Flüge für Firmen in alle Gebiete des Landes durchzuführen.

Alleine 1991 wurde 51 Mal großräumige Fracht befördert. Im Mai desselben Jahres wurden durch zwei Besatzungen des 566. TG, eine davon unter dem Kommando des Chefs der Transportfliegerkräfte, General W. W. Jefanow, 34 Land-Rover und die entsprechenden Ersatzteile für die „Camel Trophy '90" von Farnborough (Großbritannien) nach Brjansk geflogen.

Im Dezember flog eine Besatzung 120 t Schafe von Neuseeland nach Belgien. Und im Juli 1991 brachte eine Besatzung mit der 05-07 die Ausrüstung und die Tiere des Moskauer Zirkus von Moskau nach Casablanca (Marokko), darunter auch die Elefanten. Da die Frachtflüge immer mehr zunahmen, wurde im Stab der Transportfliegerkräfte eine Abteilung Lufttransport mit 27 Mann eingerichtet. Diese Abteilung erarbeitete die entsprechenden Direktiven

Ein Helikopter vom Typ Mi-8 wird zum Verladen vorbereitet.

für diese Flüge, schloss Verträge mit den Firmen (auch mit dem Ausland) ab und organisierte die Zusammenarbeit mit der Zivilluftfahrt. Die bei den Frachtflügen erarbeiteten Mittel wurden für den Kauf von Ersatzteilen und für die Verbesserung der Bedingungen für die Besatzungen bis hin zum Bau von Wohnungen eingesetzt.

Im Jahr 1992 flogen die An-124 bereits unter russischer Flagge. Im Juli 1992 wurden von der Besatzung unter Oberstleutnant E. Danilow vom 235. TG vier Mi-8 und die entsprechende Spezialausrüstung zum Löschen von Waldbränden nach Spanien geflogen. Am 5. Januar 1993 flog eine An-124 mit Doppelbesatzung in 10 Stunden und 25 Minuten Hubschrauber Mi-8 und Mi-24 von Twer nach Edmonton (Kanada). Im September desselben Jahres wurde Militärtechnik, darunter drei Panzer T-62, aus der KDVR nach Luanda (Angola) geflogen.

Während dieser Zeit sind beide TG auch für die Lösung von Transportaufgaben im Interesse der Wirtschaft Russlands eingesetzt worden. So flog eine Besatzung des 235. TG am 5. Juni 1995 vom Flugplatz Wostotschni nach Polarnij zwei Kugellager mit einem Gewicht von 40 t. In den Monaten März/April 1996 flogen Besatzungen des 566. TG unter der Gesamtleitung von General Jefanow sechs Mal von Tenkely nach Nowosibirsk und brachten 602 t kostbarer Bodenschätze dorthin. Auf dem Rückflug wurden 462 t Nahrungsgüter transportiert. Während dieser Flüge erfolgten erstmals Landungen auf schneebedeckten Start- und Landebahnen und auf Schotterbahnen.

Militärs im Dienste der Wirtschaft

Ein Blick aus dem Cockpit auf die vereiste Piste.

Die Ruslan führte auch operative Flüge im Regierungsauftrag sowohl innerhalb des Landes als auch im Ausland (Australien, Marokko, Vietnam, Dänemark, Schweiz, Malaysia u. a.) durch. Im Jahr 1991 flogen 14 Besatzungen des 235. TG ständig nach Vietnam und brachten Ausrüstung für die Volkswirtschaft und Waffen dorthin. In andere Länder wurde gelegentlich geflogen, so zur Unterstützung von Opfern von Hochwasserkatastrophen. Im März 1994 brachte eine Besatzung für

Eine An-124 in Melbourne (Australien) 1990.

Militärs im Dienste der Wirtschaft

Verladen des Rettungs-U-Bootes DSRV-1 Mystic der US Navy.

eine gemeinsame Rettungsübung Russlands, Kanadas und der USA in nördlichen Breiten zwei Hubschrauber Mi-8 und das dazu benötigte Personal nach Alaska. Im Frühjahr des folgenden Jahres flog eine Besatzung den Rumpf und das Leitwerk einer Be-200 von Irkutsk nach Taganrog. Eine andere Besatzung des 566. TG transportierte 1991 mit der 02-02 nach Beendigung der Operation „Wüstensturm" Pumpenstationen zum Löschen von Bränden der Erdölindustrie nach Kuwait.

Sowohl die 02-02 als auch die 02-09 brachten Militärtechnik und andere Ausrüstungen zu internationalen Ausstellungen nach Farnborough (1990 und 1993), Melbourne (1989 und 1991), Abu Dhabi (1992-93), Paris (1993 und 1995) und Johannisburg (1994).

Die Militärpiloten starteten am 1. Dezember 1990 mit der 05-07 zu einem Rekordflug um die Welt auf der Route Australien – Südpol – Nordpol – Australien mit Zwischenlandungen in Brasilien (Rio de Janeiro), Marokko (Casablanca), und in der UdSSR (Wosdwischenka). Die Besatzung unter der Leitung des Chefs des NII der LSK, Generalleutnant L. W. Koslow, bestand aus Piloten und Spezialisten des 235. TG (14 Personen), dem Sportkommissar der FAI, A. W. Strelnikow, und 8 Passagieren, darunter der Sponsor des Fluges, Viktor Schamirse. Zur Absicherung des Fluges wurde die 06-02 mit den Besatzungen von Oberst W. Nikolajew und Oberstleutnant M. Nagorni eingesetzt. Diese Maschine war in Melbourne stationiert und hatte Ersatzteile, einschließlich eines Triebwerkes, an Bord.

Dieser Weltumrundungsflug wurde weit entfernt von internationalen Flugstraßen durchgeführt, 90 Prozent ging über Wasser dreier Ozeane, einige Prozent über die leeren Eiswüsten der Antarktis, wo die Bodennavigationsmittel sehr dünn gesät sind. Dutzende von

Militärs im Dienste der Wirtschaft

Eine An-124 über dem Roten Platz in Moskau.

Flugzeugen, Hubschraubern und Schiffen waren in Bereitschaft, um notfalls eine Rettungsaktion zu starten. Ein Teilnehmer des Fluges erinnert sich: „Während dieser Expedition hatten wir die ausgezeichnete Möglichkeit, die Arbeit aller Aggregate und Systeme auf Herz und Nieren zu überprüfen und das in den unterschiedlichsten geografischen Breiten bei schnell wechselnden meteorologischen Bedingungen." Dieser Flug mit einer Länge von 50 005 km wurde in 72 Stunden und 16 Minuten zurückgelegt. Dabei stellte die Besatzung sieben Geschwindigkeitsweltrekorde auf. Aus Australien kehrte die An-124 nicht leer zurück. Für Moskau wurden 80 t Hilfsgüter für die Opfer von Tschernobyl und 23 t sonstige Fracht mitgebracht. Damit begann auch eine neue Seite im gegenseitigen Verhältnis der UdSSR und Australiens.

Militärische Einsätze

Natürlich wurden mit der An-124 auch die Aufgaben durchgeführt, die den Transportfliegerkräften naturgemäß zugeordnet sind. Die Besatzungen des 235. TG waren an der Beförderung von Flugzeugtechnik aus dem Kaukasus auf der Route Wasiani – Mosdok und Kirowobad – Uljanowsk beteiligt. In der Zeit vom 14. Dezember 1994 bis zum 31. Dezember 1995 waren die Besatzungen dieses TG daran beteiligt, Militärtechnik und Personal in das Kampfgebiet in Tschetschenien (Flugplatz Mosdok) zu befördern. Die Flugzeit betrug insgesamt 1 274 Stunden. Es wurden 1 833 Soldaten und 2 247 t Fracht befördert. Im August 1996 flog eine Besatzung von einem Flugplatz in der Nähe von Murmansk mit der 01-04 Übungsaufgaben zur Rettung von Schiffsbrüchigen über der Barentssee. An Bord der Maschine befand sich ein Rettungsboot mit einem

Ausladen eines UN-Hubschraubers in Burundi.

Die An-124 bei Luftparaden in Moskau.

An-124-100 der 224. Regierungsfliegerstaffel.

Gewicht von 40 t, einer Länge von 14 m und einem Durchmesser von 4,4 m.

Am 22. Juni erließ das Verteidigungsministerium den Befehl zur Verlegung des 235. TG auf den Flugplatz Wostotschni bei Uljanowsk. Beginnend mit dem 1. Februar des nächsten Jahres wurden 26 An-124, hauptsächlich aus der Produktion von Aviastar, auf dem Werksflugplatz neben den Produktionshallen stationiert. Als erste Maschinen kamen die 06-03 und die 06-04. Parallel zur Umbasierung des TG erfolgten Flüge für die Friedenskräfte der UNO. So wurden im Juni/Juli 1994 97 Flüge aus Frankreich nach Zentralafrika durchgeführt und dabei 1 550 Mann und 9 230 t Fracht für das UN-Kontingent befördert.

Ferner brachten zehn Flugzeuge auf 48 Flügen für das französische Kontingent 679 Soldaten und 4 131 t Fracht nach Zaire und Dschibuti. Ab April 1994 führten die An-124 regelmäßige Flüge im Rahmen des Abzugs der russischen Streitkräfte aus der ehemaligen DDR (Flugplatz Sperenberg) durch. Dabei wurden nicht nur Technik und Soldaten, sondern auch die Angehörigen der Militärs und ihr Mobiliar befördert.

Am 9. Mai 1995 nahmen zwei An-124 (06-02, 06-04) an der Luftparade in Mos-

kau zu Ehren des 50. Jahrestages des Sieges im Zweiten Weltkrieg teil. Am 28. Juli 1996 flog die 02-04 (Oberst Sindejew) zu Ehren des 300. Jahrestages der russischen Flotte in St. Petersburg in nur wenigen Metern Höhe über die Newa.

Gigant mit Problemen

Der Zerfall der UdSSR zerstörte nicht nur die Pläne der weiteren Inbetriebnahme von An-124, er stockte auch die Wartung der vorhandenen Maschinen. Die Hauptursache dafür war in erster Linie die Kürzung der staatlichen Finanzmittel. Während früher die notwendigen Nachrüstungen und Reparaturen der Flugzeuge beider TG durch Werksbrigaden (jedes Werk für seine Maschinen) durchgeführt wurden, stellten diese nun die Arbeiten ein. Das gleiche betrifft die Tätigkeit der Zulieferbetriebe. So kamen 1992 im Kiewer Herstellerwerk wegen Nichteinhaltung der Verpflichtungen seitens des Verteidigungsministeriums der Russischen Föderation die Arbeiten praktisch zum Erliegen. Damit standen die Flugzeuge beider TG de facto am Boden.

Beginnend mit dem Jahr 1996 tauchte ein zusätzliches Problem auf:

der Ablauf der auf zehn (Kalender-)Jahre festgelegten Sollbetriebszeiten. Dank der umfangreichen wissenschaftlichen Forschungsarbeit des ANTK und des ZAGI konnte dieses Problem jedoch gelöst werden. Eine Methode der Zustandsinstandsetzung wurde eingeführt und bestätigt. Damit war die Ruslan die erste Antonow, die nach ihrem Zustand instandgesetzt wurde. Entsprechend dieses Programms erfolgte die technische Kontrolle des Zustandes der Maschinen durch eine Kommission und entsprechende Auflagen für eine weitere Inbetriebnahme.

Aber es gelang bei weitem nicht, alle Probleme zu überwinden. Nach wie vor gab es die Ausfälle bei den Triebwerken D-18T der Nullserie und der 1. Serie, besonders im Startregime und beim Betrieb der Schubumkehr. In den elf Jahren seit der Inbetriebnahme gab es 189 (!) ernsthafte Ausfälle der Triebwerke und im System des Aus- und Einfahrens des Fahrwerkes. Ein Ausweg aus der Triebwerksmisere war die Ausrüstung der Maschine mit Triebwerken der 3. Serie. Aber aufgrund des hohen Preises dieser Triebwerke sind sie sogar für die Privatfirmen unerschwinglich, gar nicht zu reden von den Militärs. Die An-124 der Transportfliegerkräfte flogen mit den veralteten Triebwerken an der Grenze des Risikos.

Mit einem Triebwerksausfall ist auch 1997 die Katastrophe von Irkutsk verbunden. Es war der zweite Flug nach Vietnam, mit dem Ziel, Su-27 dorthin zu transportieren. Der erste Flug auf dieser Strecke verlief normal, es gab keine Ausfälle der Technik. Am Morgen des 6. Dezember 1997, beim Start der 01-07 des 566. TG vom Werksflugplatz der IAPO, war alles anders. Die Ereignisse überschlugen sich: Drei Sekunden nach dem Abheben fiel das dritte Triebwerk aus, nach 12 Sekunden schaltete sich das erste Triebwerk ab und sofort danach das zweite Triebwerk.

Absturz der An-124 01-07 in Irkutsk 1997.

An-124 RA-82038 der Regierungsstaffel.

Die Besatzung von Oberstleutnant W. A. Fjodorow versuchte, die Maschine zu halten, aber sie ging in eine rechte Schräglage über und stürzte in ein Wohnhaus, welches neben dem Flugplatz stand. Das Rumpfvorderteil der An-124 schlug so gewaltig in das fünfetagige Wohnhaus ein, dass die gesamte linke Seite des Hauses buchstäblich in sich zusammenfiel. Die Kabine des Flugzeuges wurde zu einer unförmigen Masse Metall zusammengedrückt. Neben der Besatzung starben die Vertreter des Herstellerwerkes der Su-27 (insgesamt 23 Personen) und 70 Bewohner des Wohnhauses. Weitere 12 Personen wurden verletzt.

Die Untersuchungskommission, bestehend aus Spezialisten der russischen Luftstreitkräfte, aus Militärs des NII, von Aviastar und des ANTK, von Progress und Motor Sitsch, führten eine intensive Untersuchung der Ursachen der Katastrophe durch, kamen aber im Endergebnis zu keiner einheitlichen Meinung über die Gründe, die zum Ausfall der drei Triebwerke geführt hatten. Es wurde die Meinung vertreten, dass das Selbstabschalten des dritten Triebwerkes auf Grund von Pompage (einer Störung des Verbrennungsvorganges) geschah, was eine normale Folge gewesen wäre. Was jedoch zum Ausfall der anderen Triebwerke geführt hat, konnte nicht eindeutig festgestellt werden (eine Version ist Eis im Kraftstoff). Ein genaues Ergebnis der Untersuchung ist bis heute den Herstellern des Flugzeuges und der Triebwerke nicht übergeben worden. Von russischer Seite musste jedoch eindeutig festgestellt werden, dass die abgestürzte Maschine wegen des fehlenden Zertifikates juristisch betrachtet nicht für kommerzielle Flüge hätte eingesetzt werden dürfen.

Verschrottung der Militärmaschinen?

Nach der Katastrophe von Irkutsk gab es seitens der russischen Regierung und des Verteidigungsministeriums das ausdrückliche Verbot, die Ruslan der Transportfliegerkräfte für kommerzielle Flüge einzusetzen. Das Ergebnis war, dass beide Geschwader das halbe Jahr

Die An-124 RA-82035 bei einem Überlandflug.

1998 am Boden standen und eine Vielzahl prophylaktischer Maßnahmen an der Technik durchgeführt wurden, die von der Untersuchungskommission empfohlen worden waren. Endlich, am 15. Mai 1998, erhoben sich in Sescha die 02-04 und die 02-06 wieder in die Luft. Beide Maschinen trugen die Namen der in Irkutsk ums Leben gekommenen Kommandanten (W. Iwanow und W. Fjodorow).

Diesen Flügen waren eine Nachrüstung der Triebwerke und Testflüge von Spezialisten des NII vorausgegangen. Dieser Nacharbeit wurden leider nur einige Flugzeuge unterzogen, für die restlichen war kein Geld vorhanden. Das Verteidigungsministerium musste nun Geld auftreiben, um auch die restlichen Maschinen nachzurüsten.

1998 wurden die russischen Transportfliegerkräfte in die 61. Luftarmee eingegliedert und dabei ihre Struktur um 40 Prozent verringert. Das 235. TG wurde aufgelöst. Die noch flugfähigen An-124 kamen wieder nach Sescha. Aber die Probleme waren damit nicht gelöst. Zu dieser Zeit gab es im 566. TG nur drei oder vier flugfähige Maschinen, mit denen Trainingsflüge im Gebiet von Brjansk durchgeführt werden konnten, was bedeutete, dass der eigentliche Besteller der An-124, die Militärs, den Betrieb der An-124 faktisch eingestellt hatten.

In der derzeitigen militärpolitischen Situation wird die An-124 als schweres strategisches Transportflugzeug nicht benötigt. Die mittlere Flugzeit der Militärmaschinen liegt bei 900 bis 1 500 Stunden, was vier- bis fünfmal weniger ist, als bei den Maschinen im kommerziellen Bereich. Den meisten Flugzeugen der Transportfliegerkräfte droht daher in kürzester Zeit die Verschrottung. Eine vergleichbare Dummheit der Bürokraten gab es schon bei der Vernichtung des Bestandes an Antäus, die mindestens

Eine An-124 am Boden.

noch für einen Zeitraum von fünf bis sieben Jahren hätten fliegen können. Eine Rettung für die An-124 kann nur von der Wirtschaft kommen. Sie könnte einige Maschinen aufkaufen und damit das Leben der vom Staat zum Tode verurteilten Maschinen retten.

Kampf gegen die Bürokratie

Die gerade erst im Westen aufgetauchte An-124 war zum Symbol einer neuen sowjetischen Bedrohung geworden, da mit ihr die sowjetischen Truppen eine neue Stufe ihrer strategischen Mobilität erreicht hatten. Das Interesse an dieser Maschine war riesengroß, aber sie war zu dieser Zeit geheim. Dann flaute der Kalte Krieg ab und die Idee der friedlichen Nutzung der Ruslan rückte immer mehr in den Vordergrund. Auf dem Pariser Luftfahrtsalon 1985 wurde die An-124 erstmals vorgestellt und sofort interessierte sich die englische Frachtfluggesellschaft Heavy Lift für das Flugzeug.

Ein Verantwortlicher dieser Firma, der die Beschriftung Aeroflot am Rumpf für eine Tatsache ansah, überschüttete den Vertreter von Aeroflot mit einer Vielzahl von Fragen. Der war von der Naivität seines englischen Kollegen überwältigt und gab die Fragen an Aviaexport weiter. Aber auch dort kam es zu keiner konkreten Beratung, da das Flugzeug ja ausschließlich für das Verteidigungsministerium gedacht war. In den folgenden drei Jahren wurde die Maschine auf Ausstellungen in Kanada, Großbritannien, Singapur, USA, Australien und China gezeigt und derartige Geschichten wiederholten sich mehrmals.

Im ANTK blieben die Anfragen nicht unbemerkt. Langsam machte sich der Gedanke breit, dass hier ein Flugzeug mit ungeahnten kommerziellen Möglichkeiten existiere. Dieser Denkprozess

Das Interesse an der An-124 seitens westlicher Gesellschaften Ende der 1980er-Jahre ist groß.

wurde dadurch beschleunigt, dass die finanzielle Unterstützung aus dem Staatshaushalt zum Erliegen kam. Die Leitung des ANTK schätzte die Situation richtig ein und nahm Kurs auf eine Eigenfinanzierung durch Gründung einer eigenen Frachtabteilung. Nachdem drei, vier Jahre später die UdSSR zusammenbrach und damit auch das Ministerium für Luftfahrt und die traditionellen Geldgeber verschwanden, rettete dieser Umstand das ANTK. 1987/88 jedoch bedurfte es großer Anstrengungen, von der Regierung die Genehmigung zu erhalten, mit der An-124 Geld zu verdienen. Einer der Leute, der die Instanzen (Ministerium für Luftfahrt, Ministerium für Zivilluftfahrt, Ministerium für Außenhandel, Staatliche Plankommission, Finanzministerium) abklapperte, war I. D. Babenko. Er erinnert sich: „Die letzte Instanz war der Generalstab. Aber Marschall Achromejew wollte erst gar nicht über dieses Thema reden. Es war undenkbar, die strategischen Transportfliegerkräfte als langer Arm des Kremls sollten nun kommerzieller Dienstleister werden? Das war einfach ausgeschlossen. Im Ergebnis waren all unsere Anstrengungen umsonst."

In dieser Zeit wurde aber auf direkte Weisung der Regierung mit der An-124 eine Reihe von Frachtflügen durchgeführt, über die auch die Presse ausführlich berichtete. Der erste derartige Flug war 1985 der Transport des 152 t schweren Kippers Juklid von Wladiwostok nach Jakutien. Da der Kipper so groß war (allein ein Rad hatte einen Durchmesser von 3,5 m), musste er auseinander genommen und mit zwei Flügen transportiert werden. Die Aufgabe führte die Besatzung von A. W. Galunenko durch. Am 31. Mai des darauffolgenden Jahres wurde ein Turbinenrad für das Wasserkraftwerk Tasch-Kumierski, Durchmesser 6 m und mit einem Gewicht von 80 t, von Charkow nach Taschkent geflogen. 20 Tage später folgte die zweite Turbinenscheibe. Nach dem Erdbeben in Armenien flog die

Kampf gegen die Bürokratie

Und wieder geht es mit voller Ladung auf die Reise.

Besatzung A. W. Galunenko einen 120 t schweren Kran der Firma Liebherr in das Erdbebengebiet. Das alles steigerte das Interesse an der An-124.

Coup mit Gorbatschow

Im September 1998 wurde die An-124 wieder auf der Airshow in Farnborough gezeigt und hier gab es die ersten Verhandlungen zwischen dem englischen Geschäftsmann K. Foyle und dem Minister für Luftfahrt der UdSSR, A. Siszow, über die Möglichkeiten des kommerziellen Einsatzes der An-124. Nach Ende der Airshow wurden die Verhandlungen in Moskau unter dem Dach des Außenhandelsunternehmens Aviaexport fortgesetzt. Aber die Sache lief schleppend und langsam, es gab eine Menge bürokratischer Hürden zu überwinden.

Babenko erinnert sich weiter: „Es kam der Februar 1989. In Kiew erwartete man den Besuch von M. S. Gorbatschow. Der 1. Sekretär des ZK der KP der Ukraine, W. W. Tscherbitzki, befahl, die inzwischen gebaute, noch riesigere An-225 aus Borispol zu überfliegen, um Gorbatschow eine der Errungenschaften der Ukraine vorzuführen. Im ANTK fasste man den Entschluss, die Situation zu nutzen und man bereitete ein Szenarium vor, welches von P. W. Balabujew hervorragend gespielt wurde. Nachdem Michail Sergejewitsch und Larissa Maximowna sich in das Flugzeug begeben hatten, gab Balabujew ein vorher verabredetes Zeichen und die Treppe hob sich nach oben. Alle anderen Mitglieder der Delegation blieben draußen. Hier im Frachtraum fand dann ein Gespräch zwischen dem Generalkonstrukteur des ANTK und dem Generalsekretär des ZK der KPdSU statt. Im Ergebnis des Gespräches erhielt Tscherbitzki den Befehl, dem ANTK Flugzeuge zu übergeben und zwei Wochen später die Realisierung an Gorbatschow zu melden."

Gorbatschow beim Besuch des An-124-Werkes.

Eine An-124-100 der Avialinia Antonow auf dem Weg zur Piste.

Zu dieser Zeit wurden derartige Weisungen sehr schnell ausgeführt und am 23. März 1989, genau zwei Monate nach dem Besuch, fand eine Sitzung des Ministerrates der UdSSR statt, auf welcher der Beschluss gefasst wurde, dem Kiewer Werk zu gestatten, Frachtflüge mit der An-124 durchzuführen. Zu dieser Sitzung war P. W. Balabujew eingeladen, welcher der Regierung des Landes die Vorstellungen des Werkes über die Nutzung der Maschine darlegte.

Das Problem bestand auch darin, dass zu dieser Zeit die Maschine dringend modernisiert werden musste. Aber ohne die breite Einführung der Rechentechnik war es einfach undenkbar, ein konkurrenzfähiges Flugzeug zu schaffen. Um diese Technik zu beschaffen, waren aber die aus dem Staatshaushalt bewilligten Valutamittel nicht ausreichend. Einen Ausweg sah Balabujew darin, sich die Mittel durch Frachtflüge selbst zu erarbeiten. Aber die auf dieser Sitzung anwesenden Mitglieder der Regierung verhielten sich zum Teil ablehnend. Der Verteidigungsminister und der Minister für Zivilluftfahrt vertraten die Auffassung, dass es im Lande genügend Strukturen gebe, wie die Transportfliegerkräfte und die Aeroflot, die im Interesse des Landes Transportaufgaben übernehmen könnten und dass sich die Konstrukteure doch mit der Aufgabe beschäftigen sollten, für die sie bezahlt würden, nämlich Flugzeuge zu konstruieren. In dieser sehr angespannten Situation war es der Vorsitzende des Ministerrates, N. I. Ryschkow, der die Gegner des ANTK davon überzeugte, dem Werk vier Flugzeuge An-124 zu überlassen, um damit in der ganzen Welt sowohl unter der Flagge der Aeroflot als auch auf Vertragsbasis mit ausländischen Partner zu fliegen. Das war ein Anfang.

Über die weiteren Ereignisse erzählt K. F. Luschakow, der Direktor der Transportabteilung des ANTK, die sich jetzt Avialinia Antonow (Antonov Airlines) nennt: „Wir liehen uns zwei An-124 (CCCP-82007 und CCCP-82008) von den LSK aus. Gleichzeitig nahmen wir einen Kredit auf und begannen mit dem Bau von noch zwei Ruslan (CCCP-82027 und CCCP-82029).

Nach dem Zerfall der Sowjetunion wurden die An-124 der LSK, die sich leihweise beim ANTK befanden, Eigentum der Ukraine und 1992 durch einen Erlass des Präsidenten der Ukraine uns übereignet. Das ANTK entwickelte eine umfangreiche kommerzielle Tätigkeit und die erarbeiteten Valutamittel wurden für die Realisierung des Programms zur Entwicklung der Luftfahrtindustrie der Ukraine eingesetzt. Diese Mittel gestatteten es, das wissenschaftlich-technische Potential des Werkes in den komplizierten 90er-Jahren zu erhalten, die Arbeit an neuen Flugzeugen wie der An-70 und An-140 fortzusetzen und die Luftfahrtwissenschaft der Ukraine zu erhalten."

Genau eine Woche nach der angeführten Sitzung des Ministerrates und der Unterzeichnung der Weisung Nr. 520-R fand am 1. April 1989 in Moskau die zweite Begegnung mit Chr. Foyle statt, der bereits fest entschlossen war, als Handelsvertreter des ANTK für Charterflüge zu fungieren.

Coup mit Gorbatschow

Einige Wochen später kam Foyle nach Kiew und die Verhandlungen liefen auf Hochtouren. Man konnte anfangen zu fliegen.

Pink Floyd und Michael Jackson

Für den Anfang gestattete die Aeroflot dem ANTK, die Fracht von Russlanddeutschen von Moskau nach Hannover zu fliegen. Die Fracht wurde in 6-m-Container verladen, deren Unterbringung im Flugzeug problemlos verlief. Da die Flugzeuge unter der Bemalung der Aeroflot flogen, gab es keinerlei Probleme mit den Fluganmeldungen und den Genehmigungen.

Erst wenig später, als die Kiewer anfingen, selbstständig Partner zu suchen, begann die Aeroflot dem ANTK Steine in den Weg zu legen. Aber die Weisung 520-R gab dem ANTK dieses Recht. Und es war gewillt, es auch zu nutzen.

Bald nach den Hannover-Flügen wurde bekannt, dass die berühmte Rock-Gruppe Pink Floyd die Absicht hatte, in Moskau ein Konzert zu geben und dass es in diesem Zusammenhang notwendig war, die 120 t umfassende Fracht dieser Gruppe von Athen nach Moskau zu fliegen. Das Konzert in Moskau war bereits zwei Tage nach dem Auftritt in Athen geplant. In Moskau war man bereits der Meinung, dass dies nicht zu schaffen sei und man das Konzert absagen müsse. Aeroflot weigerte sich strikt, in so kurzer Zeit den Transport durchzuführen. Deshalb wurde der Vorschlag des ANTK, diesen Flug zu übernehmen, als ein Geschenk des Himmels betrachtet. Der Vertrag wurde bereits am nächsten Tag unterschrieben. Die beladene An-124 war bereit, in Athen zu starten, die Dispatcher hatten bereits das Anlassen und das Rollen genehmigt, fielen jedoch beinahe in Ohnmacht, als sie erfuhren, dass die An-124 vier Minuten brauche, um die Triebwerke warm laufen zu lassen. Vier Minuten die Start- und Landebahn eines hauptstädtischen Flughafens blockieren? Im Ergebnis musste die An-124 eine Stunde mit laufenden Triebwerken auf ein „Loch" im Verkehr warten, um starten zu können.

Verladung kleinerer Frachtstücke.

Eine An-124 bereit zum Warmlaufenlassen der Triebwerke.

1993 brachte Michael Jackson 310 t Fracht mit drei An-124 nach Moskau. Die Maschinen wurden auch von Madonna, Julio Iglesias und anderen Popsternen genutzt. Heute ist die Firma Rock-It-Cargo auf derartige Flüge mit der An-124 in alle Welt spezialisiert.

So gelangte das ANTK in eine Geschäftstätigkeit, von der die Menschen vorher keine Ahnung hatten, für die keine Mittel zur Verfügung standen und wobei niemand wusste, wie man Kunden wirbt. Rückblickend muss man sagen, dass die Aufträge damals rein zufällig zustande kamen. An das ANTK wendete man sich nur, wenn die Termine in Frage standen und dem Lieferer große Strafen drohten oder wenn es Naturkatastrophen oder Kriege gab, und es galt, große Mengen Fracht zu transportieren. Aber dank der wachsenden Popularität des ANTK musste das Ministerium für Zivilluftfahrt es praktisch als eine eigene Fluggesellschaft registrieren. Dieses Dokument wurde ausgestellt, obwohl die An-124 noch kein Zulassungszertifikat als ziviles Transportflugzeug hatte. Deshalb wurden aber 1992 die Flüge zeitweilig eingestellt und das ANTK lies, wie anfangs beschrieben, die An-124-100 zertifizieren. Danach wurde ihm von der ICAO der Buchstabencode ADB (Antonov Design Bureau) zugewiesen, unter dem es heute fliegt.

Der schwere Weg in den Markt

Die Vorbereitungen für den Vertragsabschluss mit Foyle liefen weiter. Er wollte aber nur verantwortlicher Agent für Europa und den Mittleren Osten bleiben. Singapur und Australien waren zwar als Markt wünschenswert, blieben jedoch unerreichbar. Es gab einige Versuche, mit Hilfe von Chinesen in diesen Gebieten ins

Geschäft zu kommen. Aber das verlief recht unglücklich, und die Gelder liefen alle über die Aeroflot, bei der es nicht immer leicht war, sie auch zu bekommen. Dann traf ein Mitarbeiter des ANTK, Anatoli Naumenko, jedoch auf den australischen Geschäftsmann Dschamirse, der bereits durch die Schenkung einer Ikone mit teuren Steinen an die russische Kirche aufgefallen war. Naumenko hatte ihn durch eine Empfehlung des damals noch sowjetischen Botschafters auf der Luftfahrtschau in Australien kennengelernt. Dschamirse nahm sich der Sache an und erhielt die Genehmigung für Flüge nach Australien. Er ließ dort mit einem Stammkapital von einem Dollar die Firma Antonow Airlines Services registrieren.

Damit begann die erste langfristige Expedition der An-124 außerhalb des Landes. In der Zukunft sollten jedoch derartige Organisationsformen, bei denen Flugzeug und Besatzung in der ganzen Welt fliegen und über einen Zeitraum von einem Monat und mehr nicht an ihren Heimatort zurückkehren, zum Bestandteil der Arbeit der Avialinia Antonow gehören.

Ein derartiges Regime wird durch eine hohe Qualifikation der Besatzungen und des Wartungsniveaus der Maschine garantiert und führt zu höheren Einnahmen. Aber bei der ersten australischen Expedition lief noch nicht alles glatt. Der Kommandant der Besatzung, W. A. Tkatschenko, erinnert sich: „Wir durften lange nicht aus der UdSSR ausreisen, es gab großen Widerstand seitens der Behörden. Sie konnten erst zu Beginn des Jahres 1990 überwunden werden, als wir ein Mausoleum (ähnlich dem Lenin-Mausoleum) für Ho Chi Min nach Vietnam flogen. Von dort flogen wir nach Singapur und danach wollten wir weiter nach Australien, aber die Genehmigung war wieder nicht da. Der örtliche Vertreter von Aeroflot versuchte uns lange zu überreden, ja er drohte uns sogar. Einen Manager hatten wir nicht. Die gesamte Verantwortung lag auf den Schultern des Kommandanten. Wir mussten also auf eigene Verantwortung fliegen.

Die Kabine der Frachtbegleiter.

Der Ruheraum einer An-124-100.

In den eineinhalb Monaten in Australien führten wir 19 Flüge durch. Wir flogen Kängurus nach Neuseeland, frischen Fisch, Kälber und andere Tiere. Nach den ersten Flügen gab es ein Problem. Man konnte das Flugzeug wegen des fürchterlichen Gestanks nicht mehr betreten. Die Tiere verrichteten ja während des Fluges ihre Notdurft. Um die Maschine zu säubern, musste ein ganzes Fass Shampoo gekauft werden, rund 250 Liter, und die Feuerwehr war nötig. Wir brauchten einen ganzen Tag, das halbe Flugzeug war ein einziger Schaum. Dann fertigten wir spezielle Untersätze an und das Problem war beseitigt. Bei den Flügen über einen fremden Kontinent bewährte sich das bordeigene Navigationssystem. Die An-124 fand in Australien außerordentlich großes Interesse. Wenn wir landeten, kamen die Leute in Scharen gelaufen, um die Maschine zu bestaunen. Ich hatte nie gedacht, dass die Luftfahrt so viele Interessenten in Australien hat. Die Expedition war sehr interessant, aber in der Endkonsequenz erwies sich, dass sie schlecht organisiert war und dass wir unbedingt die Zusammenarbeit mit westlichen Partnern suchen mussten, da sie über die entsprechenden Erfahrungen, Verbindungen und über die notwendige Werbung verfügten, was uns total fehlte. Nach unserer Rückkehr brachten wir unseren Frauen Orchideen mit."

Die Maschine kam mit einem Scheck über 100 000 US-Dollar zurück. Als der Scheck auf der Bank eingelöst werden sollte, zeigte sich, dass Dschamirse nicht einen Cent auf seinem Konto hatte. Der Geschäftsmann erklärte, dass das ANTK selbst schuld sei. Als der Vertrag über den Transport von Schafen vor der Unterzeichnung stand, wurde den Antonows angeblich die Maschine weggenommen. In Wirklichkeit ging dieses Geschäft durch die provokative Äußerung des Aeroflot-

Der schwere Weg in den Markt

Eine Landung unter minimalen Sichtbedingungen.

Vertreters verloren, der behauptete, die An-124 hätte keinen hermetischen Frachtraum und die Schafe würden alle umkommen. Man glaubte Dschamirse und gab ihm nochmals ein Flugzeug. Das Ergebnis war das gleiche. Wieder kam die Maschine mit zwei ungedeckten Schecks zurück. Danach wurden die Verbindungen abgebrochen.

Kooperation mit Air Foyle

Das ordentliche Geschäft für das ANTK begann, als die Zusammenarbeit mit Foyle sich festigte. Seine Firma Air Foyle Ltd. übernahm alle notwendigen Geschäftsinteressen für das ANTK, wie die Werbung, Versicherungsfragen usw. Was aber das Wichtigste war, in finanzieller Hinsicht herrschte eine strenge Ordnung. Es begann die planmäßige Suche nach einer Marktlücke für die An-124.

So war geplant, Fracht für die luxemburgische Cargolux zu fliegen. Dafür wurden Frachtuntersetzer gebaut, die mit Hilfe der Ladevorrichtung die Fracht an Bord der Maschine bringen sollten. Sie hatten die Abmessung von 6 x 3 m, wogen aber jeweils 1 000 kg. Davon hatten 12 Stück an Bord Platz. Die Erfahrungen zeigten jedoch, dass die Verladung der Fracht in Paketform mit großen Nachteilen verbunden war. Die untersten Reihen wurden stark gedrückt und wegen des niedrigen Drucks im Frachtraum (im Verhältnis zu einer Passagiermaschine) öffnete sich mitunter eine Verpackung, sodass die Auftraggeber sich beschwerten. So hinkte die An-124 in einigen praktischen Fragen der Boeing 747 hinterher.

W. I. Tolmatschew schrieb 1991: „Bereits die ersten Jahre der Inbetriebnahme der An-124 zeigten nicht nur die hohe Effektivität der Maschine, sondern

Eine An-124-100 der Volga-Dnepr wartet auf ihre Beladung.

offenbarten auch eine Reihe von Unzulänglichkeiten. Dazu gehörte in erster Linie die den internationalen Anforderungen nicht entsprechende Ausrüstung zum Transport von Fracht. Die autonome Bordausrüstung der Maschine entsprach nicht den Anforderungen der Frachtterminals internationaler Flughäfen. Das verlängerte die Beladezeiten." Die dafür notwendige Ausrüstung wurde durch das ANTK in den Jahren 1992/93 erarbeitet. Die notwendige technische Dokumentation wurde dem Herstellerwerk in Uljanowsk übergeben.

Die Sternstunde für die An-124 begann wieder in einer Krisensituation – mit dem Ausbruch des Krieges am Persischen Golf. Die An-124 brachten amerikanische Luftabwehrraketen Patriot in das Kampfgebiet und flogen von dort Flüchtlinge (451 Personen pro Flug) aus, brachten Gasmasken nach Saudi Arabien, danach Löschausrüstung nach Kuwait und halfen beim Wiederaufbau von Kuwait.

Langsam erkannten die Verantwortlichen des ANTK die Nischen, in denen die An-124 unschlagbar war. Dazu K. F. Luschakow: „Wir spezialisierten uns auf den Lufttransport voluminöser Fracht, die eine spezielle Vorbereitung für den Lufttransport seitens des Lieferers als auch seitens des Flugzeuges brauchte. Dafür braucht man Fluggesellschaften, die sich darauf spezialisiert haben und welche die entsprechenden Maschinen dafür besitzen. Das Erscheinen der An-124-100 auf dem Markt trug wesentlich zu einem Anstieg der Nachfrage für den Luftfrachttransport in der Welt bei. Das trifft in erster Linie für Maschinenbauelemente mit einem Gewicht bis zu 120 t zu.

Die zunehmenden Kenntnisse über das Flugzeug und seine Möglichkeiten erhöhen die Marktmöglichkeiten. Zu den

Kooperation mit Air Foyle

Eine An-124-100 der Volga-Dnepr auf dem Pekinger Flugplatz in Vorbereitung.

Auch das OKB Antonow beteiligt sich intensiv am Frachtverkehr.

Nach der Landung tragen die Flügel die Last des Rumpfes nicht mehr und hängen nach unten.

ständigen Kunden der Avialinia Antonow gehören Firmen wie Lockheed Martin, Boeing, Loral, Volkswagen, Siemens, General Electric u. a., für welche die Schnelligkeit und Reichweite die Hauptkriterien sind. Während früher die Verhinderung von Strafen für nicht zeitgerechte Lieferung im Vordergrund stand, so ist heute die Planmäßigkeit der Flüge von ausschlaggebender Bedeutung. So schloss eine bekannte Raumfahrtfirma einen längerfristigen Vertrag über den Transport voluminöser Teile von Raumflugkörpern und Raketen innerhalb der USA und zwischen Amerika, Europa und China ab. Bereits bei der Konstruktion und beim Bau der Teile werden durch die Firma die Abmessungen der Frachtkabine der An-124-100 berücksichtigt." Damit wird sichtbar, dass die An-124-100 ein wichtiges Glied in der Kette Hersteller – Transporteur – Verbraucher geworden ist. Für schwere Fracht bis zu 120 t ist sie bisher ohne Konkurrenz.

Einen Eintrag in das Buch der Rekorde brachte der Transport eines Elektrogenerators der Firma Siemens mit einem Gewicht von 135,2 t von Düsseldorf nach Delhi. Das war die schwerste Fracht, die jemals mit einem Flugzeug transportiert wurde. 1998 wurde eine Dampfturbine derselben Firma (132 t) nach Chile geflogen. Im April des gleichen Jahres wurde eine Presse mit einem Gewicht von 72 t auf die Marshallinseln geflogen. Auf die Regierung dieses Inselstaates hat dieses Ereignis einen so starken Eindruck gemacht, dass sie aus diesem Anlass eine Sonderbriefmarke herausbrachte. Außerdem wurden von der Avialinia Antonow Teile der Ariane Rakete, Hubschrauber, Schiffsteile und Elektroloks transportiert.

Der erreichte Organisationsstand und die Qualifizierung der Besatzungen mach-

Kooperation mit Air Foyle

Unfall einer An-124-100 bei Turin 1996.

Sichere Landung nach turbulentem Flug.

ten es möglich, dass die Antonow-Linie die ukrainische und britische Lizenz für den Transport gefährlicher Güter erhalten konnte. Es waren die Flugzeuge des ANTK, welche die Resolution des Sicherheitsrates der UN realisierten, indem sie radioaktives Material aus dem Irak abtransportierten. Durch Erlass des Ministerrates der Ukraine wurde der Avialinia Antonow der Status einer nationalen Frachtgesellschaft verliehen. Der Flugzeugpark der Gesellschaft umfasst 8 Ruslan.

Im Dienste weiterer Airlines

Bereits 1990 wurde mit Volga-Dnepr Airlines ein Frachtcarrier gegründet, der ebenfalls erfolgreich auf die Ruslan setzt. In den folgenden Jahren tauchten An-124-100 auch bei den Fluggesellschaften Rossia, Magistralnije Avialinie, Antonow Air Track, Trans Charter, Titan, Ajax und Poljot auf. Die Schicksale dieser Fluggesellschaften verliefen unterschiedlich. Heute haben außer Poljot Airlines alle von ihnen ihre Ruslan verloren oder haben selber aufgehört zu existieren.

Es hat sich erwiesen, dass es nicht reicht, nur das Flugzeug zu haben, sondern man muss auch über ein verzweigtes Netz von kommerziellen Agenten und über erfahrene, eingespielte Besatzungen verfügen. Das alles ist für kleine Gesellschaften, die über eine oder zwei An-124-100 verfügen, nicht zu packen. Sie mussten, da sie es mit eigenen Besatzungen nicht bewältigten, Crews von außerhalb anmieten. Das war auch oftmals der Grund für schwere Flugvorkommnisse mit den zivilen Ruslan.

So kollidierte in der Nacht des 15. November 1993 im Gebiet des iranischen Flugplatzes Kerman die An-124-100 (RA-82071) der Fluggesellschaft Magistralnije Avialinie, die jedoch von Piloten von Aviastar geflogen wurde, bei der Landung mit einem Berg. Dabei starben 17 Personen. Grund war die Nichteinhaltung des Landeverfahrens für diesen Flugplatz durch die Besatzung und das Nichtverstehen der Anweisungen der Bodenstationen.

Ein ähnlicher Zwischenfall ereignete sich am 8. Oktober 1996, als die An-124-100 der Gesellschaft Ajax (RA-82069), geflogen von einer Militärbesatzung unter schwierigen Wetterbedingungen, einen Anflug auf die Start- und Landebahn des Flugplatzes von Turin durchführte. Diese wurde zu diesem Zeitpunkt auf einer Länge von 950 m instandgesetzt, worüber die Besatzung nicht informiert war. Im kritischen Moment entschloss sich der Kommandant durchzustarten, jedoch mit bereits eingeschalteter Schubumkehr. Die Maschine stürzte in Wohnhäuser, die dicht an der Bahn standen. Es starben vier Menschen, 15 wurden verletzt.

Die Ausbildung der Besatzungen der großen Gesellschaften verdient jedoch eine hohe Anerkennung. So wurde an einer Maschine der Gesellschaft Volga-Dnepr eine Turbinenscheibe zerstört. Die Schaufeln durchschlugen das Triebwerksgehäuse und die Rumpfkonstruktion. Der Besatzung gelang es trotzdem, die Maschine sicher zu landen. Beim Start auf dem Flughafen von Genua am 19. Juli 1996 geriet die schwer beladene UR-82029 in einen Möwenschwarm und erhielt mehr als 50 Beschädigungen, darunter an allen Triebwerken, der Verkleidung der Radarstation, dem Ruder u. a. Der Besatzung unter Kommandant N. Bogul gelang es, die Maschine über dem Meer schnell zu wenden und eine sichere Landung zu gewährleisten. Im Dezember 1999 wurde die UR-82007 nach dem Start von einer algerischen Militärbasis von einem Kugelblitz getroffen. Im Ergebnis wurde die Verkleidung der Radarstation stark beschädigt, das Radar und ein Triebwerk fielen aus. Da aus meteorologischen Gründen eine Rückkehr zum Platz nicht möglich war, entschloss sich der Kommandant, den Flug mit drei Triebwerken fortzusetzen und nach mehr als 4 000 km erreichte die Maschine wohlbehalten ihren Bestimmungsort.

Aber trotz aller Schwierigkeiten und Mängel hat die Ruslan heute ihren festen Platz in dem nicht sehr großen Register derjenigen Flugzeuge eingenommen, die erfolgreich auf dem Frachtgebiet arbeiten und darüber hinaus auch noch einen neuen Sektor darin eröffnet haben. Der Anteil am Frachtaufkommen beträgt immerhin 26 Prozent. Alleine die Zahl der amerikanischen Firmen, welche die An-124-100 nutzen, verdoppelt sich alle vier Jahre. Das zeigt den kommerziellen Erfolg der Maschine im Weltmaßstab. Heute liegt der Preis für eine Flugstunde zwischen 12.000 und 24.000 Dollar. Auch jetzt wächst der Markt, wenn auch langsam, ständig weiter. In der Geschichte der russischen und ukrainischen Luftfahrt gibt es wenige derartiger Beispiele.

Heute befinden sich 25 An-124-100 im Bestand von Fluggesellschaften, davon allein 17 bei Avialinia Antonow und Volga-Dnepr. Die Spezialisten sind davon überzeugt, dass die An-124-100 erst ihre „Jugendjahre" durchläuft und noch 50 Jahre fliegen kann.

Register

Typ	Werksnummer	Serien-Nr.	Erster Flug	Registrierung	Eigentümer	Status
An-124	19530501001	01-01	24.12.1982	CCCP-680125	OKB Antonow	abgestellt
An-124	19530501002	01-02	unbekannt	CCCP-680210	OKB Antonow	abgestellt
An-124	19530501003	01-03	1984	CCCP-82002	OKB Antonow	abgestürzt in der Ukraine
An-124	19530501004	01-04	1986	RA-82006	LSK RF	abgestellt
An-124-100	19530501005	01-05	1986	UR-82007	OKB Antonow	fliegt
An-124-100M	19530501006	01-06	1986	UR-82008	OKB Antonow	fliegt
An-124	9773054516003	01-07	1985	08	LSK RF	abgestürzt in Irkutsk
An-124-100-150	19530501008	01-08	1986	UR-82009	OKB Antonow	fliegt
An-124-100	9773053616017	01-09	1986	RA-82010	LSK RF	abgestellt
An-124	9773054616023	01-10	1987	RA-82011	LSK RF	abgestellt
An-124	19530502001	02-01	1987	RA-82020	LSK RF	abgestellt
An-124	19530502002	02-02	1987	RA-82021	LSK RF	abgestellt
An-124	19530502003	02-03	1987	RA-82022	LSK RF	abgestellt
An-124	19530502012	02-04	1988	RA-82023	LSK RF	abgestellt
An-124	19530502033	02-05	1989	RA-82024	LSK RF	abgestellt
An-124	19530502106	02-06	1988	RA-82025	LSK RF	abgestellt
An-124	19530502127	02-07	1989	10	LSK RF	abgestellt
An-124-100M	19530502288	02-08	1990	UR-82027	OKB Antonow	fliegt
An-124-100	19530502599	02-09	1991	RA-82028	LSK RF	abgestellt
An-124-100	19530502630	02-10	1991	UR-82029	OKB Antonow	fliegt
An-124-100	19530502761	03-01	1992	5A-DKL	Libyan Arab Air Cargo	abgestellt
An-124-100	19530502792	03-02	1994	5A-DKN	Libyan Arab Air Cargo	abgestellt
An-124-100	18530502843	03-03	2003	UR-ZYD	Maximus Air Cargo	fliegt
An-124	9773052732028	05-01	1987	RA-82012	LSK RF	abgestellt
An-124-100	9773052732033	05-02	1987	RA-82013	LSK RF	fliegt
An-124-100	9773052732039	05-03	1987	RA-82014	LSK RF	fliegt
An-124-100	9773052732045	05-04	1987	RA-82030	LSK RF	fliegt
An-124	9773052732049	05-05	1988	RA-82031	LSK RF	abgestellt
An-124-100	9773052732051	05-06	1988	RA-82032	LSK RF	fliegt

Register

Typ	Werksnummer	Serien-Nr.	Erster Flug	Registrierung	Eigentümer	Status
An-124-100	9773052732054	05-07	1988	RA-82033	LSK RF	abgestellt
An-124	9773052732057	05-08	1988	RA-82034	LSK RF	abgestellt
An-124-100	9773052732061	05-09	1988	RA-82035	LSK RF	fliegt
An-124	9773054832068	05-10	1988	RA-82036	LSK RF	abgestellt
An-124-100	9773052955071	06-01	1989	RA-82037	LSK RF	fliegt
An-124-100	9773054955077	06-02	1989	RA-82038	LSK RF	fliegt
An-124-100	9773052055082	06-03	1990	RA-82039	LSK RF	fliegt
An-124-100	9773053055086	06-04	1990	RA-82040	LSK RF	fliegt
An-124-100	9773054055089	06-05	1990	RA-82041	LSK RF	fliegt
An-124-100	9773054055093	06-06	1990	RA-82042	Wolga-Dnepr	fliegt
An-124-100	9773054155101	06-07	1990	RA-82043	Wolga-Dnepr	fliegt
An-124-100	9773054155109	06-08	1991	RA-82044	Wolga-Dnepr	fliegt
An-124-100	9773052255113	06-09	1991	RA-82045	Wolga-Dnepr	fliegt
An-124-100	9773052255117	06-10	1992	RA-82046	Wolga-Dnepr	fliegt
An-124-100	9773053259121	07-01	1992	RA-82047	Wolga-Dnepr	fliegt
An-124-100	977305335912*	07-02	1993	RA-82069	Aeroflot	abgestürzt in Italien
An-124-100	9773051359127	07-03	1993	RA-82068	Poljot	abgestellt
An-124-100	977305435913*	07-04	1993	RA-82071	Aviastar	abgestürzt im Iran
An-124-100	9773053359136	07-05	1993	UR-82072	OKB Antonow	fliegt
An-124-100	9773053359139	07-06	1993	UR-82073	OKB Antonow	fliegt
An-124-100	9773051459142	07-07	1994	RA-82074	Wolga-Dnepr	fliegt
An-124-100	9073053459147	07-08	1994	RA-82075	Poljot	abgestellt
An-124-100	9773054459151	07-09	1995	RA-82077	Poljot	abgestellt
An-124-100	9773054559153	07-10	1995	RA-82078	Wolga-Dnepr	fliegt
An-124-100	9773052062157	08-01	2000	RA-82079	Wolga-Dnepr	fliegt
An-124-100	9773051462161	08-02	2004	RA-82080	Poljot	abgestellt
An-124-100	9773051462165	08-03	2004	RA-82081	Wolga-Dnepr	fliegt
An-124-100M	08-04	08-04	unbekannt	RA-82082?	Wolga-Dnepr	keine Angabe
An-124-100M	08-05	08-05	unbekannt	RA-82083?	Wolga-Dnepr	keine Angabe
An-124-100	08-06	08-06	unbekannt	RA-82084?	LSK RF	keine Angabe